全文强制性标准图解丛书

图解《建筑防火通用规范》
GB 55037—2022

杨姗姗　刘　霞　杨秀香　编著

U0291113

中国建筑工业出版社

图书在版编目（CIP）数据

图解《建筑防火通用规范》GB 55037—2022 / 杨姗姗，刘霞，杨秀香编著 . —— 北京：中国建筑工业出版社，2024.5（2025.4 重印）

（全文强制性标准图解丛书）

ISBN 978-7-112-29827-3

Ⅰ.①图… Ⅱ.①杨…②刘…③杨… Ⅲ.①建筑设计—防火—建筑规范—中国—图解 Ⅳ.①TU892-65

中国国家版本馆 CIP 数据核字 (2024) 第 089861 号

本书通过三维立体图对《建筑防火通用规范》GB 55037—2022 的重要条款进行解读，以"图中说明框、要点索引"等形式，对标准的重点、难点在图旁作醒目的引注，方便读者识读与联想，并配以立体图进行提示，从"看图片，学标准"这个实用的角度，帮助读者学习并尽快掌握标准的内容。

本书可作为工程建设规划、设计、施工、监理及消防人员的工具书，也可作为在校土建类师生的参考用书。

责任编辑：曹丹丹　张　磊
责任校对：赵　力

全文强制性标准图解丛书
图解《建筑防火通用规范》GB 55037—2022
杨姗姗　刘　霞　杨秀香　编著

＊

中国建筑工业出版社出版、发行（北京海淀三里河路9号）
各地新华书店、建筑书店经销
北京光大印艺文化发展有限公司制版
建工社（河北）印刷有限公司印刷

＊

开本：880毫米×1230毫米　1/32　印张：6⅞　字数：204千字
2024年8月第一版　2025年4月第二次印刷
定价：**75.00**元
ISBN 978-7-112-29827-3
（42976）

前　言

　　随着城市化进程的加快，建筑行业的蓬勃发展带来了前所未有的机遇与挑战。在这其中，建筑防火安全无疑是一个至关重要的议题。然而，对于广大非专业人士而言，建筑防火规范往往显得复杂且难以捉摸，这在一定程度上增加了火灾发生的潜在风险。

　　2022年12月27日，住房和城乡建设部发布了《建筑防火通用规范》GB 55037—2022。该规范是强制性工程建设规范，其中各项要素均是保障城乡基础设施建设体系化和效率提升的基本规定，是支撑城乡建设高质量发展的基本要求。

　　为了帮助读者更快速地学习和掌握《建筑防火通用规范》GB 55037—2022，我们编写了本书。本书通过图解的方式，将建筑防火通用规范中的核心内容和要点以直观、易懂的形式呈现出来，帮助读者快速了解并掌握建筑防火的基本知识。

　　在编写过程中，我们力求保持内容的准确性和权威性。我们参考了最新的建筑防火规范和相关标准，并结合实际案例进行了深入剖析和解读。同时，我们还邀请了多位建筑防火领域的专家进行审稿，以确保本书内容的科学性和实用性。

本书的特点在于图解的呈现方式。我们通过大量的三维立体示意图，将建筑防火规范中的抽象概念和技术要求转化为具体的视觉形象，使读者能够一目了然地理解并掌握相关知识。这种图解的方式不仅增强了可读性，也提高了学习效率，使读者能够在短时间内掌握建筑防火的核心要点。

此外，本书还注重实用性和操作性。我们不仅介绍了建筑防火的基本知识，还详细讲解了防火设计、施工和管理等方面的具体要求和措施。这些内容对于建筑设计人员、施工人员、管理人员以及消防安全人员来说，都具有很高的实用价值。

我们深知建筑防火安全的重要性，也明白每一个细节都可能关乎到人们的生命财产安全。因此，在编写本书的过程中，我们始终秉持着严谨、认真的态度，力求为读者提供一本既全面又实用的建筑防火指南。

愿本书能够成为读者学习建筑防火知识的良师益友，也愿我们共同努力，为守护生命安全筑起一道坚实的屏障。

最后，我们要感谢所有为本书编写付出辛勤努力的专家和工作人员，也要感谢广大读者的支持和关注。希望通过这本书，能够为广大读者提供一个学习建筑防火知识的平台，共同为构建安全、和谐的社会环境贡献力量。

由于建筑防火技术的不断发展和更新，本书难免存在不足之处。我们诚挚地希望广大读者在使用过程中，能够提出宝贵的意见和建议，以便我们不断完善和提高。

目 录

第1章

总 则

1.0.1 为预防建筑火灾、减少火灾危害，保障人身和财产安全，使建筑防火要求安全适用、技术先进、经济合理，依据有关法律、法规，制定本规范。

1.0.2 除生产和储存民用爆炸物品的建筑外，新建、改建和扩建建筑在规划、设计、施工、使用和维护中的防火，以及既有建筑改造、使用和维护中的防火，必须执行本规范。

1.0.3 生产和储存易燃易爆物品的厂房、仓库等，应位于城镇规划区的边缘或相对独立的安全地带。

1.0.4 城镇耐火等级低的既有建筑密集区，应采取防火分隔措施、设置消防车通道、完善消防水源和市政消防给水与市政消火栓系统。

1.0.5 既有建筑改造应根据建筑的现状和改造后的建筑规模、火灾危险性和使用用途等因素确定相应的防火技术要求，并达到本规范规定的目标、功能和性能要求。城镇建成区内影响消防安全的既有厂房、仓库等应迁移或改造。

1.0.6 在城市建成区内不应建设压缩天然气加气母站，一级汽车加油站、加气站、加油加气合建站。

1.0.7 城市消防站应位于易燃易爆危险品场所或设施全年最小频率风向的下风侧，其用地边界距离加油站、加气站、加油加气合建站不应小于50m，距离甲、乙类厂房和易燃易爆危险品储存场所不应小于200m。城市消防站执勤车辆的主出入口，距离人员密集的大型公共建筑的主要疏散出口不应小于50m。

1.0.7 图示 1

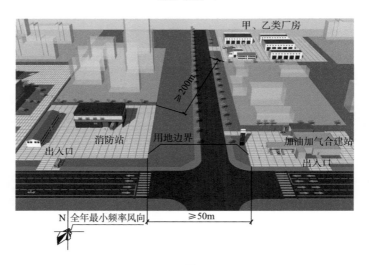

1.0.7 图示 2

1.0.8 工程建设所采用的技术方法和措施是否符合本规范要求，由相关责任主体判定。其中，创新性的技术方法和措施应进行论证并符合本规范中有关性能的要求。

1.0.9 违反本规范规定，依照有关法律法规的规定予以处罚。

第2章

基本规定

2.1 目标与功能

2.1.1 建筑的防火性能和设防标准应与建筑的高度（埋深）、层数、规模、类别、使用性质、功能用途、火灾危险性等相适应。

2.1.1 图示

2.1.2 建筑防火应达到下列目标要求：

    1 保障人身和财产安全及人身健康；

    2 保障重要使用功能，保障生产、经营或重要设施运行的连续性；

    3 保护公共利益；

    4 保护环境、节约资源。

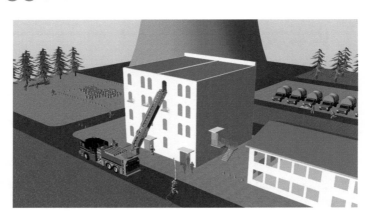

2.1.2 图示

2.1.3 建筑防火应符合下列功能要求：

1 建筑的承重结构应保证其在受到火或高温作用后，在设计耐火时间内仍能正常发挥承载功能；

2 建筑应设置满足在建筑发生火灾时人员安全疏散或避难需要的设施；

2.1.3 图示 1

3 建筑内部和外部的防火分隔应能在设定时间内阻止火灾蔓延至相邻建筑或建筑内的其他防火分隔区域；

4　建筑的总平面布局及与相邻建筑的间距应满足消防救援的要求。

疏散出口或楼梯的宽度由
计算确定

疏散出口　　疏散出口　　疏散出口

2.1.3 图示 2

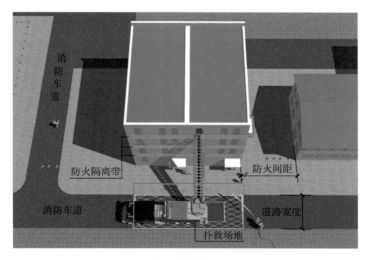

消
防
车
道

防火隔离带　　　　防火间距

消防车道　　　　　　　　　　道路宽度

扑救场地

2.1.3 图示 3

2.1.4　在赛事、博览、避险、救灾及灾区生活过渡期间建设的临时建筑或设施，其规划、设计、施工和使用应符合消防安全要求。灾区过渡安置房集中布置区域应按照不同功能区域分别单独划分防火分隔区域。每个防火分隔区域的占地面积不应大于2500m²,且周围应设置可供消防车通行的道路。

2.1.4 图示 1

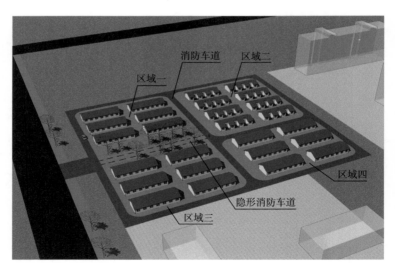

2.1.4 图示 2

2.1.5 厂房内的生产工艺布置和生产过程控制,工艺装置、设备与仪器仪表、材料等的设计和设置，应根据生产部位的火灾危险性采取相应的防火、防爆措施。

灭火器　　　　　消火栓　　　喷淋系统及火灾自动报警系统

2.1.5 图示

2.1.6　交通隧道的防火要求应根据其建设位置、封闭段的长度、交通流量、通行车辆的类型、环境条件及附近消防站设置情况等因素综合确定。

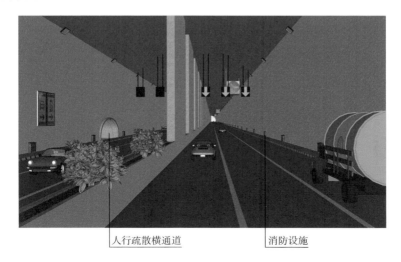

人行疏散横通道　　　　　消防设施

2.1.6 图示

2.1.7   建筑中有可燃气体、蒸气、粉尘、纤维爆炸危险性的场所或部位，应采取防止形成爆炸条件的措施；当采用泄压、减压、结构抗爆或防爆措施时，应保证建筑的主要承重结构在燃烧爆炸产生的压强作用下仍能发挥其承载功能。

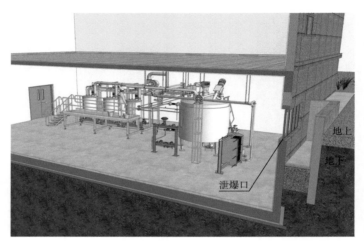

2.1.7 图示

2.1.8   在有可燃气体、蒸气、粉尘、纤维爆炸危险性的环境内，可能产生静电的设备和管道均应具有防止发生静电或静电积累的性能。

2.1.8 图示 1

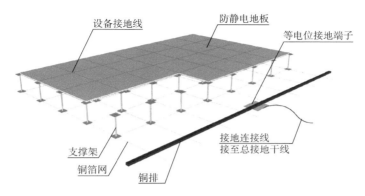

设备接地线　防静电地板　等电位接地端子

支撑架　铜箔网　铜排　接地连接线 接至总接地干线

2.1.8 图示 2

2.1.9 建筑中散发较空气轻的可燃气体、蒸气的场所或部位，应采取防止可燃气体、蒸气在室内积聚的措施；散发较空气重的可燃气体、蒸气或有粉尘、纤维爆炸危险性的场所或部位，应符合下列规定：

1 楼地面应具有不发火花的性能，使用绝缘材料铺设的整体楼地面面层应具有防止发生静电的性能；

2 散发可燃粉尘、纤维场所的内表面应平整、光滑，易于清扫；

3 场所内设置地沟时，应采取措施防止可燃气体、蒸气、粉尘、纤维在地沟内积聚，并防止火灾通过地沟与相邻场所的连通处蔓延。

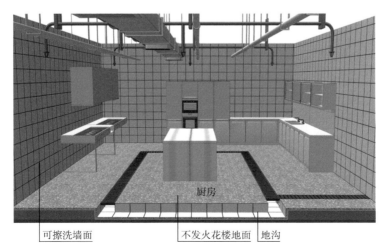

厨房

可擦洗墙面　不发火花楼地面　地沟

2.1.9 图示 1

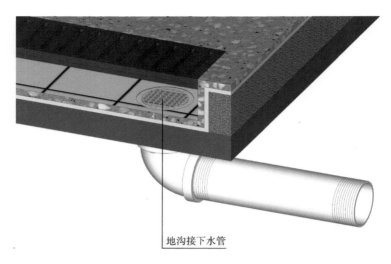

地沟接下水管

2.1.9 图示 2

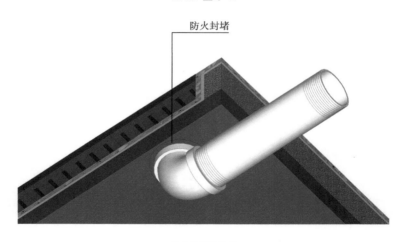

防火封堵

2.1.9 图示 3

2.2 消防救援设施

2.2.1 建筑的消防救援设施应与建筑的高度（埋深）、进深、规模等相适应，并应满足消防救援的要求。

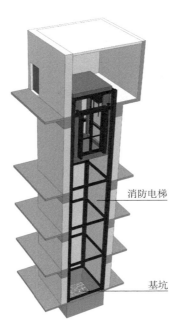

消防电梯

基坑

2.2.1 图示 1

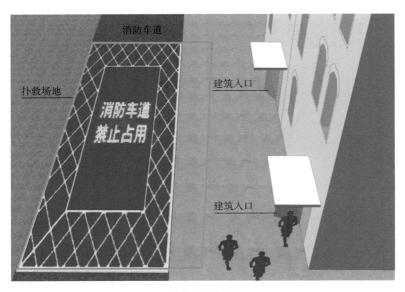

消防车道

扑救场地

建筑入口

消防车道
禁止占用

建筑入口

2.2.1 图示 2

屋顶直升机停机坪

2.2.1 图示 3

2.2.2 在建筑与消防车登高操作场地相对应的范围内，应设置直通室外的楼梯或直通楼梯间的入口。

直通楼梯间入口　　　室外楼梯

2.2.2 图示

2.2.3 除有特殊要求的建筑和甲类厂房可不设置消防救援口外，在建筑的外墙上应设置便于消防救援人员出入的消防救援口，并应符合下列规定：

1　沿外墙的每个防火分区在对应消防救援操作面范围内设置的消防救援口不应少于 2 个；

2　无外窗的建筑应每层设置消防救援口，有外窗的建筑应自第三层起每层设置消防救援口；

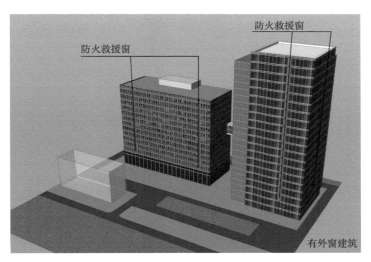

2.2.3 图示 1

3　消防救援口的净高度和净宽度均不应小于 1.0m，当利用门时，净宽度不应小于 0.8m；

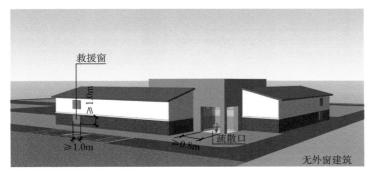

2.2.3 图示 2

4　消防救援口应易于从室内和室外打开或破拆，采用玻璃窗时，应选用安全玻璃；

5　消防救援口应设置可在室内和室外识别的永久性明显标志。

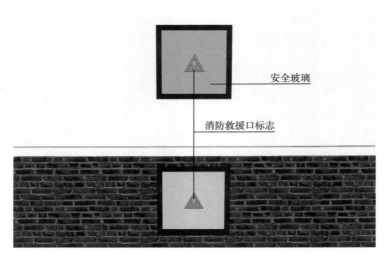

安全玻璃

消防救援口标志

2.2.3 图示 3

2.2.4　设置机械加压送风系统并靠外墙或可直通屋面的封闭楼梯间、防烟楼梯间，在楼梯间的顶部或最上一层外墙上应设置常闭式应急排烟窗，且该应急排烟窗应具有手动和联动开启功能。

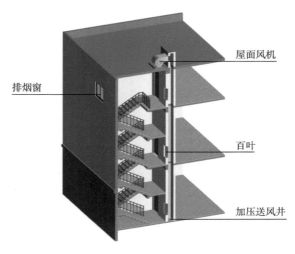

屋面风机

排烟窗

百叶

加压送风井

2.2.4 图示

2.2.5 除有特殊功能、性能要求或火灾发展缓慢的场所可不在外墙或屋顶设置应急排烟排热设施外，下列无可开启外窗的地上建筑或部位均应在其每层外墙和（或）屋顶上设置应急排烟排热设施，且该应急排烟排热设施应具有手动、联动或依靠烟气温度等方式自动开启的功能：

1 任一层建筑面积大于 2500m² 的丙类厂房；

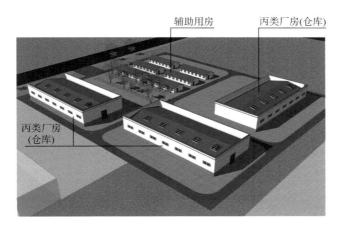

2.2.5 图示 1

2 任一层建筑面积大于 2500m² 的丙类仓库；

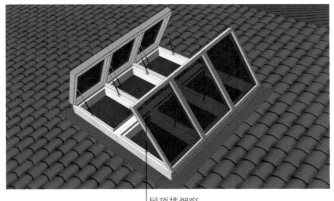

2.2.5 图示 2

3　任一层建筑面积大于 2500m² 的商店营业厅、展览厅、会议厅、多功能厅、宴会厅，以及这些建筑中长度大于 60m 的走道；

4　总建筑面积大于 1000m² 的歌舞娱乐放映游艺场所中的房间和走道；

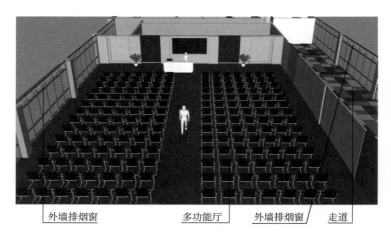

2.2.5 图示 3

5　靠外墙或贯通至建筑屋顶的中庭。

2.2.5 图示 4

2.2.6　除城市综合管廊、交通隧道和室内无车道且无人员停留的机械式汽车库可不设置消防电梯外，下列建筑均应设置消防电梯，且每个防火分区可供使用的消防电梯不应少于 1 部：

　　1　建筑高度大于 33m 的住宅建筑；

2.2.6 图示 1

　　2　5 层及以上且建筑面积大于 3000m² （包括设置在其他建筑内第五层及以上楼层）的老年人照料设施；

2.2.6 图示 2

3 一类高层公共建筑，建筑高度大于 32m 的二类高层公共建筑；

2.2.6 图示 3

4 建筑高度大于 32m 的丙类高层厂房；

2.2.6 图示 4

5 建筑高度大于 32m 的封闭或半封闭汽车库；

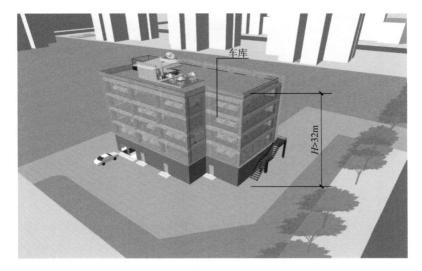

2.2.6 图示 5

6 除轨道交通工程外，埋深大于 10m 且总建筑面积大于 3000m² 的地下或半地下建筑（室）。

2.2.6 图示 6

2.2.7 埋深大于 15m 的地铁车站公共区应设置消防专用通道。

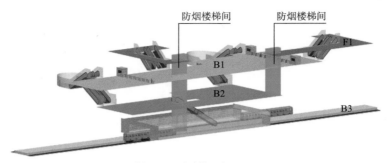

埋深>15m且总建筑面积>3000m²

2.2.7 图示

2.2.8 除仓库连廊、冷库穿堂和筒仓工作塔内的消防电梯可不设置前室外，其他建筑内的消防电梯均应设置前室。消防电梯的前室应符合下列规定：

1 前室在首层应直通室外或经专用通道通向室外，该通道与相邻区域之间应采取防火分隔措施。

2 前室的使用面积不应小于 6.0m²，合用前室的使用面积应符合本规范第 7.1.8 条的规定；前室的短边不应小于 2.4m。

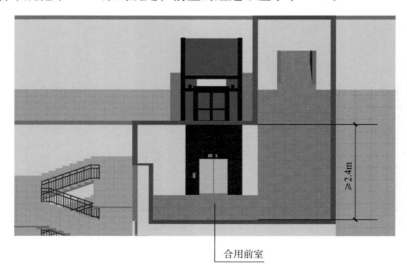

合用前室

2.2.8 图示 1

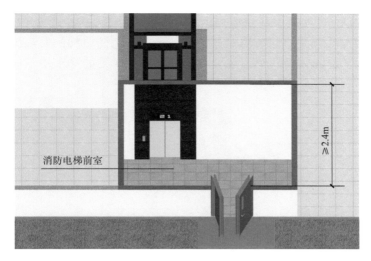

2.2.8 图示 2

3　前室或合用前室应采用防火门和耐火极限不低于 2.00h 的防火隔墙与其他部位分隔。除兼作消防电梯的货梯前室无法设置防火门的开口可采用防火卷帘分隔外，不应采用防火卷帘或防火玻璃墙等方式替代防火隔墙。

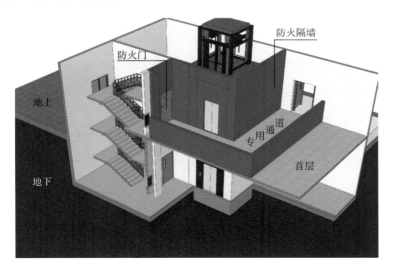

2.2.8 图示 3

2.2.9 消防电梯井和机房应采用耐火极限不低于 2.00h 且无开口的防火隔墙与相邻井道、机房及其他房间分隔。消防电梯的井底应设置排水设施，排水井的容量不应小于 2m³，排水泵的排水量不应小于 10L/s。

防火隔墙

底坑

井

2.2.9 图示 1

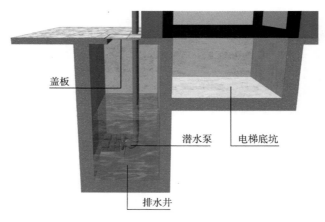

盖板

潜水泵

电梯底坑

排水井

2.2.9 图示 2

2.2.10　消防电梯应符合下列规定：

1　应能在所服务区域每层停靠；

2　电梯的载重量不应小于 800kg；

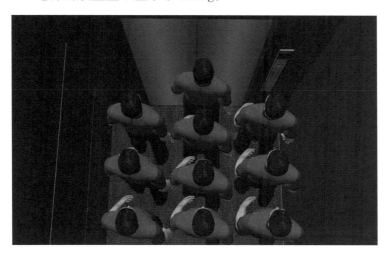

2.2.10 图示 1

3　电梯的动力和控制线缆与控制面板的连接处、控制面板的外壳防水性能等级不应低于 IPX5；

4　在消防电梯的首层入口处，应设置明显的标识和供消防救援人员专用的操作按钮；

消防电梯标识　　　消防专用按钮

2.2.10 图示 2

5　电梯轿厢内部装修材料的燃烧性能应为 A 级；

6 电梯轿厢内部应设置专用消防对讲电话和视频监控系统的终端设备。

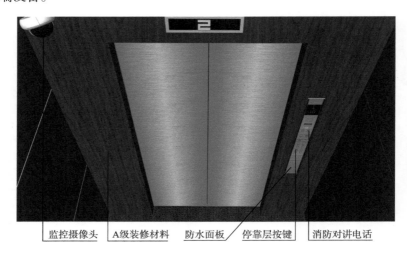

| 监控摄像头 | A级装修材料 | 防水面板 | 停靠层按键 | 消防对讲电话 |

2.2.10 图示 3

2.2.11 建筑高度大于 250m 的工业与民用建筑，应在屋顶设置直升机停机坪。

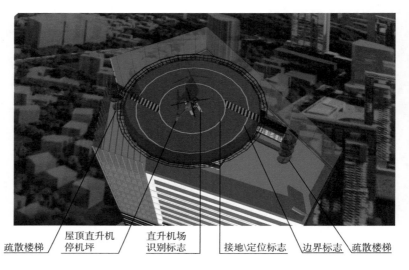

| 疏散楼梯 | 屋顶直升机停机坪 | 直升机场识别标志 | 接地\定位标志 | 边界标志 | 疏散楼梯 |

2.2.11 图示

2.2.12　屋顶直升机停机坪的尺寸和面积应满足直升机安全起降和救助的要求，并应符合下列规定：

　1　停机坪与屋面上突出物的最小水平距离不应小于 5m；

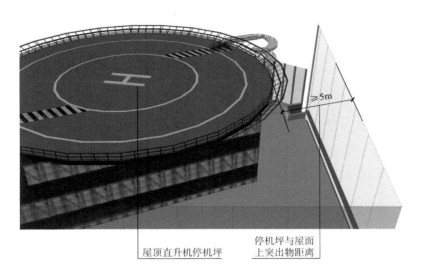

2.2.12 图示 1

　2　建筑通向停机坪的出口不应少于 2 个；

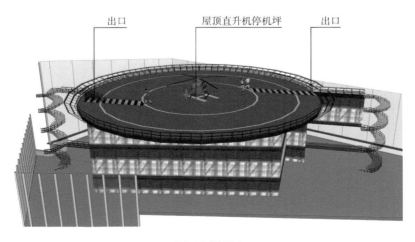

2.2.12 图示 2

3 停机坪四周应设置航空障碍灯和应急照明装置；

屋顶直升机停机坪

停机坪红色障碍灯 接地离地边界灯 应急照明 罩盖式可转向LED泛光照明灯

2.2.12 图示 3

4 停机坪附近应设置消火栓。

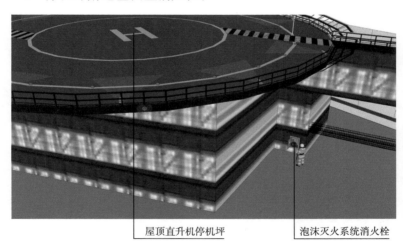

屋顶直升机停机坪 泡沫灭火系统消火栓

2.2.12 图示 4

2.2.13 供直升机救助使用的设施应避免火灾或高温烟气的直接作用，其结构承载力、设备与结构的连接应满足设计允许的人数停留和该地区最大风速作用的要求。

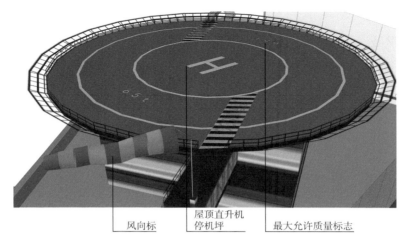

风向标　　　屋顶直升机
　　　　　　停机坪　　　最大允许质量标志

2.2.13 图示 1

保护层
隔离层
防水层
找平层
保温层
找坡层
隔气层
找平层
现浇钢筋混凝土屋面板

2.2.13 图示 2

2.2.14 消防通信指挥系统应具有下列基本功能：

1 责任辖区和跨区域灭火救援调度指挥；

2 火场及其他灾害事故现场指挥通信；

3 通信指挥信息管理；

4 集中接收和处理责任辖区火灾、以抢救人员生命为主的危险化学品泄漏、道路交通事故、地震及其次生灾害、建筑坍塌、重大安全生产事故、空难、爆炸及恐怖事件和群众遇险事件等灾害事故报警。

消防通信指挥中心通信室和指挥室的总建筑面积不宜小于 150m²

2.2.14 图示

2.2.15 消防通信指挥系统的主要性能应符合下列规定：

1 应采用北京时间计时，计时最小量度为秒，系统内保持时钟同步；

2 应能同时受理 2 起以上火灾、以抢救人员生命为主的危险化学品泄漏、道路交通事故、地震及其次生灾害、建筑坍塌、重大安全生产事故、空难、爆炸及恐怖事件和群众遇险事件等灾害事故报警；

3 应能同时对 2 起以上火灾、以抢救人员生命为主的危险化学品泄漏、道路交通事故、地震及其次生灾害、建筑坍塌、重大安全生产事故、空难、爆炸及恐怖事件和群众遇险事件等灾害事故进行灭火救援调度指挥；

4 城市消防通信指挥系统从接警到消防站收到第一出动指令的时间不应大于 45s。

2.2.16　消防通信指挥系统的运行安全应符合下列规定：

1　重要设备或重要设备的核心部件应有备份；

2　指挥通信网络应相对独立、常年畅通；

3　系统软件不能正常运行时，应能保证电话接警和调度指挥畅通；

4　火警电话呼入线路或设备出现故障时，应能切换到火警应急接警电话线路或设备接警。

2.2.16 图示

第3章 建筑总平面布局

3.1 一般规定

3.1.1 建筑的总平面布局应符合减小火灾危害、方便消防救援的要求。

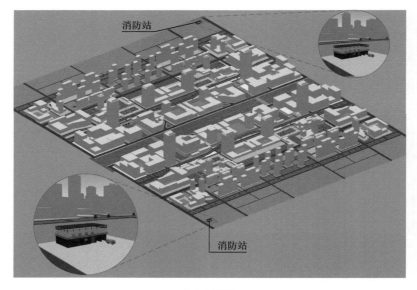

3.1.1 图示

3.1.2 工业与民用建筑应根据建筑使用性质、建筑高度、耐火等级及火灾危险性等合理确定防火间距，建筑之间的防火间距应保证任意一侧建筑外墙受到的相邻建筑火灾辐射热强度均低于其临界引燃辐射热强度。

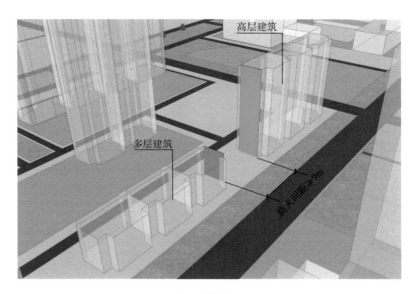

3.1.2 图示 1

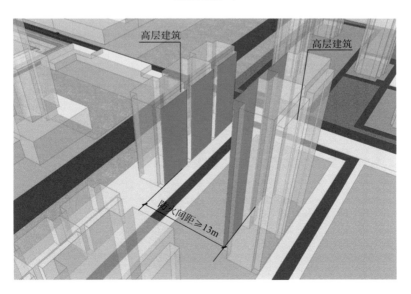

3.1.2 图示 2

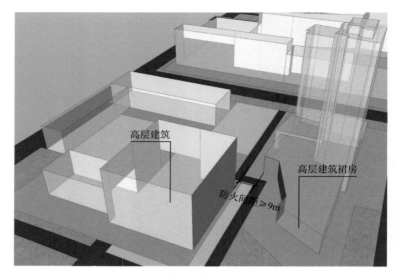

3.1.2 图示 3

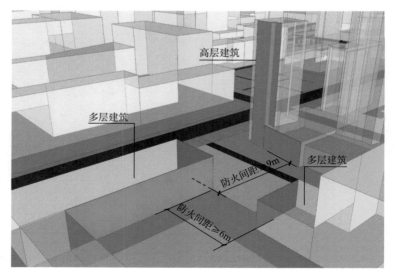

3.1.2 图示 4

3.1.3 甲、乙类物品运输车的汽车库、修车库、停车场与人员密集场所的防火间距不应小于 50m，与其他民用建筑的防火间距不应小于 25m；甲类物品运输车的汽车库、修车库、停车场与明火或散发火花地点的防火间距不应小于 30m。

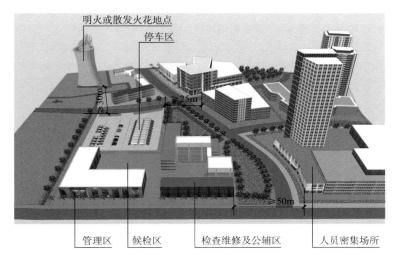

3.1.3 图示

3.2 工业建筑

3.2.1 甲类厂房与人员密集场所的防火间距不应小于 50m，与明火或散发火花地点的防火间距不应小于 30m。

3.2.1 图示

3.2.2　甲类仓库与高层民用建筑和设置人员密集场所的民用建筑的防火间距不应小于 50m，甲类仓库之间的防火间距不应小于 20m。

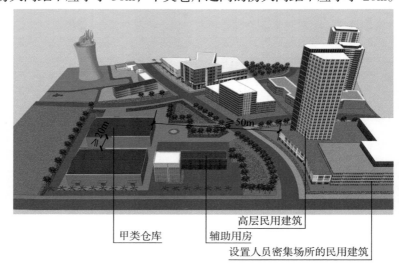

3.2.2 图示

3.2.3　除乙类第 5 项、第 6 项物品仓库外，乙类仓库与高层民用建筑和设置人员密集场所的其他民用建筑的防火间距不应小于 50m。

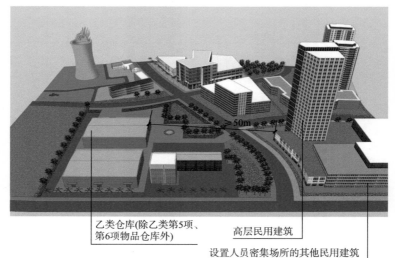

3.2.3 图示

3.2.4　飞机库与甲类仓库的防火间距不应小于 20m。飞机库与喷漆机库贴邻建造时，应采用防火墙分隔。

3.2.4 图示 1

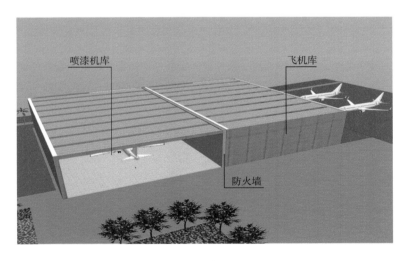

3.2.4 图示 2

3.3　民用建筑

3.3.1　除裙房与相邻建筑的防火间距可按单、多层建筑确定外，建筑高度大于 100m 的民用建筑与相邻建筑的防火间距应符合下列规定：

1　与高层民用建筑的防火间距不应小于 13m；

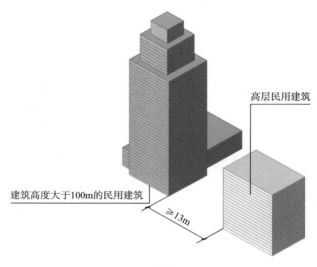

3.3.1 图示 1

2　与一、二级耐火等级单、多层民用建筑的防火间距不应小于 9m；

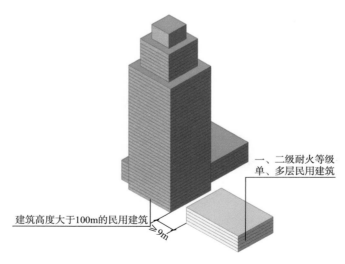

3.3.1 图示 2

3　与三级耐火等级单、多层民用建筑的防火间距不应小于 11m；

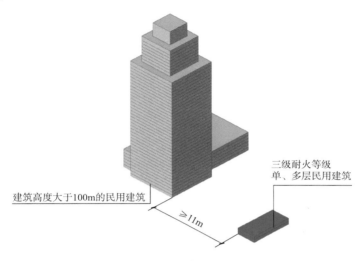

3.3.1 图示 3

4　与四级耐火等级单、多层民用建筑和木结构民用建筑的防火间距不应小于 14m。

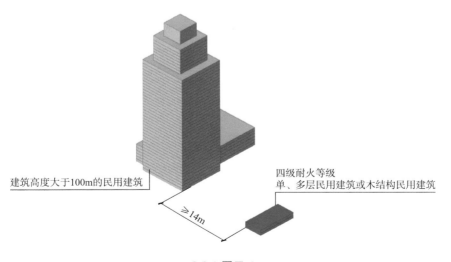

3.3.1 图示 4

3.3.2 相邻两座通过连廊、天桥或下部建筑物等连接的建筑，防火间距应按照两座独立建筑确定。

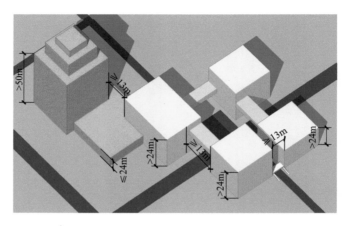

3.3.2 图示

3.4 消防车道与消防车登高操作场地

3.4.1 工业与民用建筑周围、工厂厂区内、仓库库区内、城市轨道交通的车辆基地内、其他地下工程的地面出入口附近，均应设置可通行消防车并与外部公路或街道连通的道路。

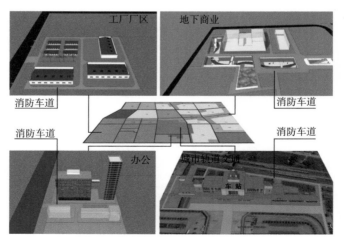

3.4.1 图示

3.4.2　下列建筑应至少沿建筑的两条长边设置消防车道：

1　高层厂房，占地面积大于 $3000m^2$ 的单、多层甲、乙、丙类厂房；

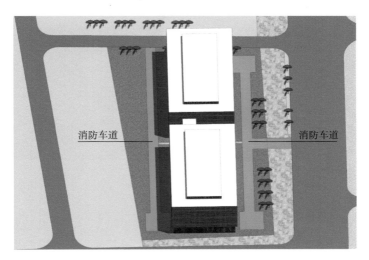

3.4.2 图示 1

2　占地面积大于 $1500m^2$ 的乙、丙类仓库；

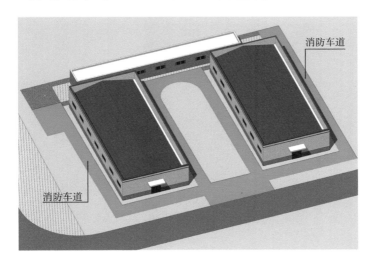

3.4.2 图示 2

3 飞机库。

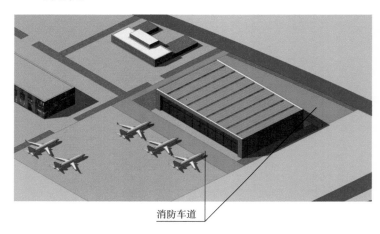

消防车道

3.4.2 图示 3

3.4.3 除受环境地理条件限制只能设置 1 条消防车道的公共建筑外，其他高层公共建筑和占地面积大于 $3000m^2$ 的其他单、多层公共建筑应至少沿建筑的两条长边设置消防车道。住宅建筑应至少沿建筑的一条长边设置消防车道。当建筑仅设置 1 条消防车道时，该消防车道应位于建筑的消防车登高操作场地一侧。

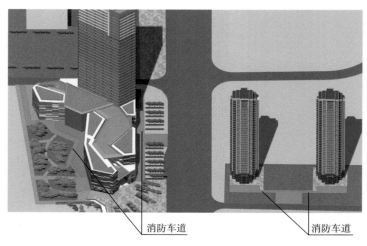

消防车道　　　　　消防车道

3.4.3 图示

3.4.4　供消防车取水的天然水源和消防水池应设置消防车道，天然水源和消防水池的最低水位应满足消防车可靠取水的要求。

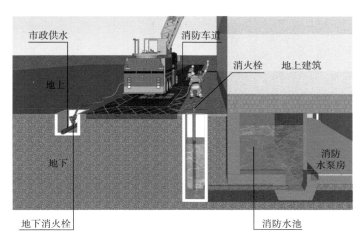

3.4.4 图示

3.4.5　消防车道或兼作消防车道的道路应符合下列规定：

　　1　道路的净宽度和净空高度应满足消防车安全、快速通行的要求；

3.4.5 图示 1

2 转弯半径应满足消防车转弯的要求；

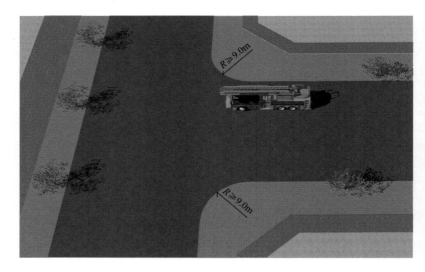

3.4.5 图示 2

3 路面及其下面的建筑结构、管道、管沟等，应满足承受消防车满载时压力的要求；

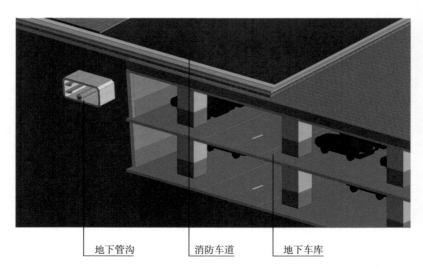

地下管沟　　　消防车道　　　地下车库

3.4.5 图示 3

4　坡度应满足消防车满载时正常通行的要求，且不应大于10%，兼作消防救援场地的消防车道，坡度尚应满足消防车停靠和消防救援作业的要求；

3.4.5 图示 4

5　消防车道与建筑外墙的水平距离应满足消防车安全通行的要求，位于建筑消防扑救面一侧兼作消防救援场地的消防车道应满足消防救援作业的要求；

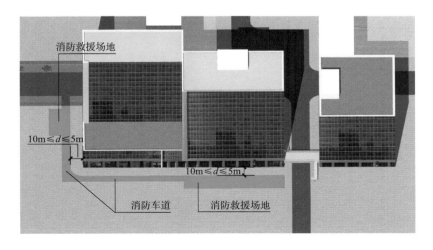

3.4.5 图示 5

6 长度大于 40m 的尽头式消防车道应设置满足消防车回转要求的场地或道路；

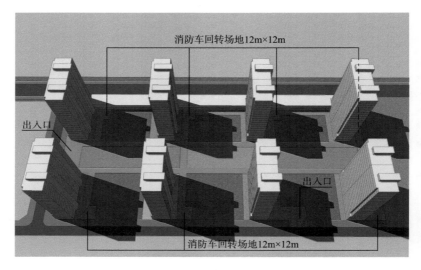

3.4.5 图示 6

7 消防车道与建筑消防扑救面之间不应有妨碍消防车操作的障碍物，不应有影响消防车安全作业的架空高压电线。

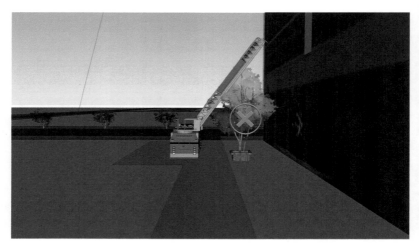

3.4.5 图示 7

3.4.6　高层建筑应至少沿其一条长边设置消防车登高操作场地。未连续布置的消防车登高操作场地，应保证消防车的救援作业范围能覆盖该建筑的全部消防扑救面。

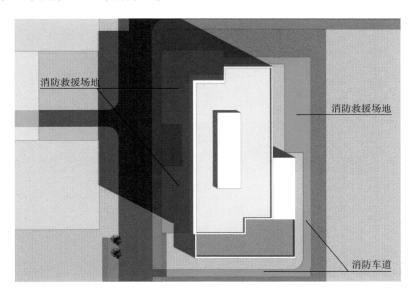

消防救援场地

消防救援场地

消防车道

3.4.6 图示 1

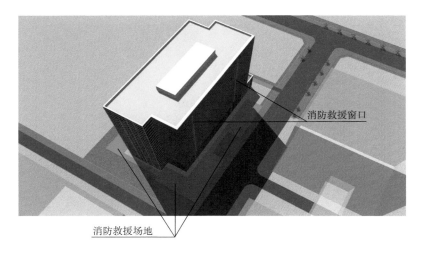

消防救援窗口

消防救援场地

3.4.6 图示 2

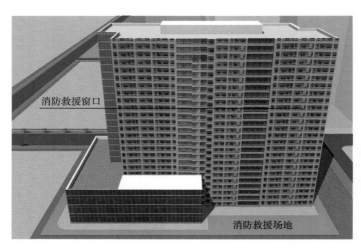

3.4.6 图示 3

3.4.7 消防车登高操作场地应符合下列规定：

1 场地与建筑之间不应有进深大于 4m 的裙房及其他妨碍消防车操作的障碍物或影响消防车作业的架空高压电线；

2 场地及其下面的建筑结构、管道、管沟等应满足承受消防车满载时压力的要求；

3 场地的坡度应满足消防车安全停靠和消防救援作业的要求。

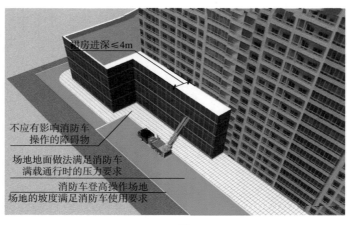

3.4.7 图示

第4章

建筑平面布置与防火分隔

4.1 一般规定

4.1.1 建筑的平面布置应便于建筑发生火灾时的人员疏散和避难，有利于减小火灾危害、控制火势和烟气蔓延。同一建筑内的不同使用功能区域之间应进行防火分隔。

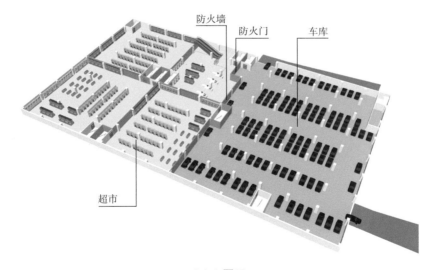

4.1.1 图示

4.1.2 工业与民用建筑、地铁车站、平时使用的人民防空工程应综合其高度（埋深）、使用功能和火灾危险性等因素，根据有利于消防救援、控制火灾及降低火灾危害的原则划分防火分区。防火分区的划分应符合下列规定：

　　1 建筑内横向应采用防火墙等划分防火分区，且防火分隔应保证火灾不会蔓延至相邻防火分区；

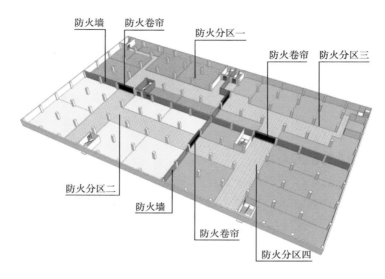

4.1.2 图示 1

2　建筑内竖向按自然楼层划分防火分区时，除允许设置敞开楼梯间的建筑外，防火分区的建筑面积应按上、下楼层中在火灾时未封闭的开口所连通区域的建筑面积之和计算；

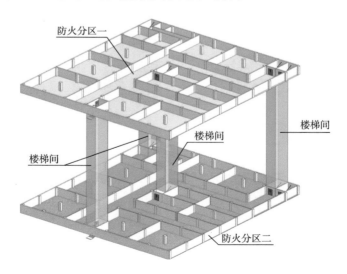

4.1.2 图示 2

3　高层建筑主体与裙房之间未采用防火墙和甲级防火门分隔时，裙房的防火分区应按高层建筑主体的相应要求划分；

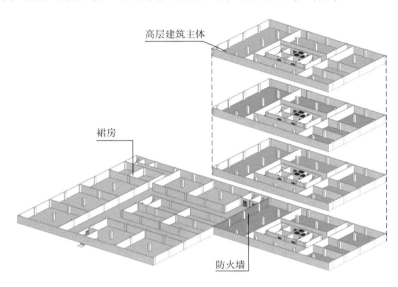

4.1.2 图示 3

4　除建筑内游泳池、消防水池等的水面、冰面或雪面面积，射击场的靶道面积，污水沉降池面积，开敞式的外走廊或阳台面积等可不计入防火分区的建筑面积外，其他建筑面积均应计入所在防火分区的建筑面积。

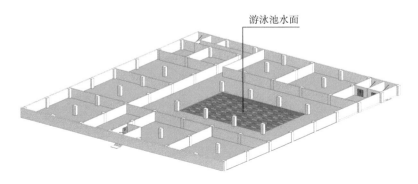

4.1.2 图示 4

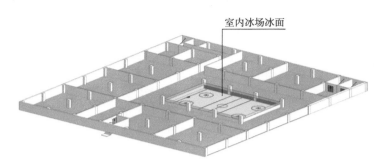

室内冰场冰面

4.1.2 图示 5

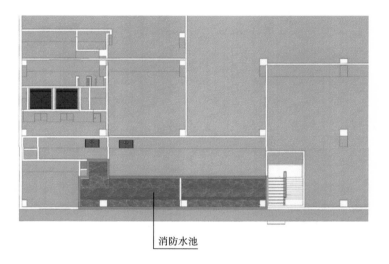

消防水池

4.1.2 图示 6

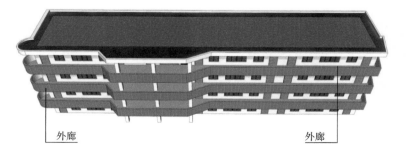

外廊　　　　　　　　　　　外廊

4.1.2 图示 7

4.1.3　下列场所应采用防火门、防火窗、耐火极限不低于 2.00h 的防火隔墙和耐火极限不低于 1.00h 的楼板与其他区域分隔：

1　住宅建筑中的汽车库和锅炉房；

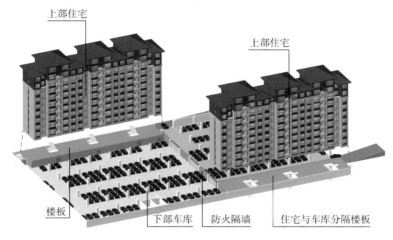

4.1.3 图示 1

2　除居住建筑中的套内自用厨房可不分隔外，建筑内的厨房；

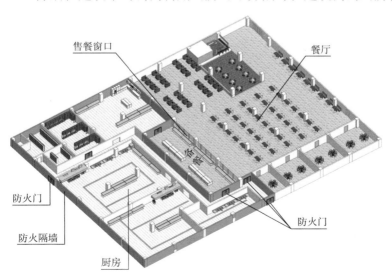

4.1.3 图示 2

3　医疗建筑中的手术室或手术部、产房、重症监护室、贵重精密医疗装备用房、储藏间、实验室、胶片室等;

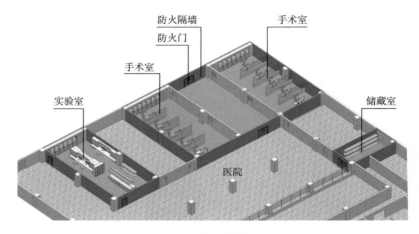

4.1.3 图示 3

4　建筑中的儿童活动场所、老年人照料设施;

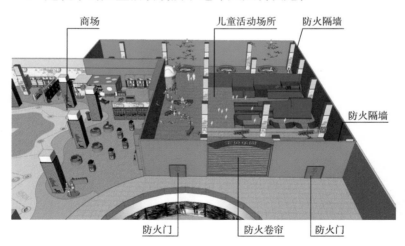

4.1.3 图示 4

5　除消防水泵房的防火分隔应符合本规范第 4.1.7 条的规定,消防控制室的防火分隔应符合本规范第 4.1.8 条的规定外,其他消防设备或器材用房。

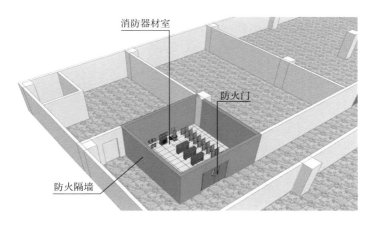

4.1.3 图示 5

4.1.4 燃油或燃气锅炉、可燃油油浸变压器、充有可燃油的高压电容器和多油开关、柴油发电机房等独立建造的设备用房与民用建筑贴邻时，应采用防火墙分隔，且不应贴邻建筑中人员密集的场所。上述设备用房附设在建筑内时，应符合下列规定：

　　1　当位于人员密集的场所的上一层、下一层或贴邻时，应采取防止设备用房的爆炸作用危及上一层、下一层或相邻场所的措施；

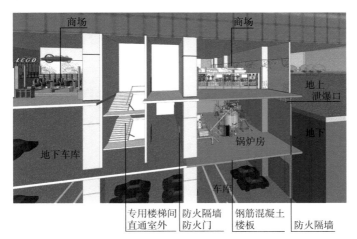

4.1.4 图示

　　2　设备用房的疏散门应直通室外或安全出口；

3　设备用房应采用耐火极限不低于2.00h的防火隔墙和耐火极限不低于1.50h的不燃性楼板与其他部位分隔，防火隔墙上的门、窗应为甲级防火门、窗。

4.1.5　附设在建筑内的燃油或燃气锅炉房、柴油发电机房，除应符合本规范第4.1.4条的规定外，尚应符合下列规定：

1　常（负）压燃油或燃气锅炉房不应位于地下二层及以下，位于屋顶的常（负）压燃气锅炉房与通向屋面的安全出口的最小水平距离不应小于6m；其他燃油或燃气锅炉房应位于建筑首层的靠外墙部位或地下一层的靠外侧部位，不应贴邻消防救援专用出入口、疏散楼梯（间）或人员的主要疏散通道。

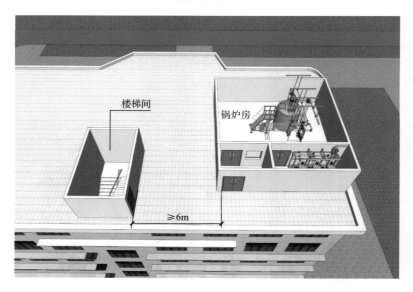

4.1.5 图示1

2　建筑内单间储油间的燃油储存量不应大于1m³。油箱的通气管设置应满足防火要求，油箱的下部应设置防止油品流散的设施。储油间应采用耐火极限不低于3.00h的防火隔墙与发电机间、锅炉间分隔。

3　柴油机的排烟管、柴油机房的通风管、与储油间无关的电气线路等，不应穿过储油间。

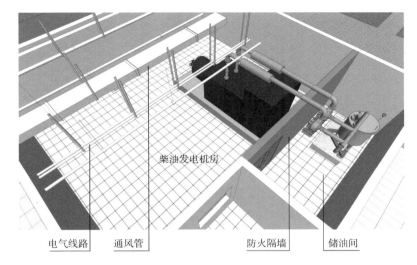

4.1.5 图示 2

4　燃油或燃气管道在设备间内及进入建筑物前，应分别设置具有自动和手动关闭功能的切断阀。

4.1.5 图示 3

4.1.6　附设在建筑内的可燃油油浸变压器、充有可燃油的高压电容器和多油开关等的设备用房，除应符合本规范第 4.1.4 条的规定外，尚应符合下列规定：

1　油浸变压器室、多油开关室、高压电容器室均应设置防止油品流散的设施；

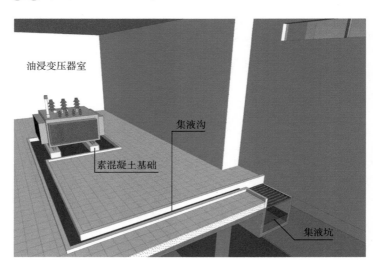

4.1.6 图示 1

2 变压器室应位于建筑的靠外侧部位，不应设置在地下二层及以下楼层；

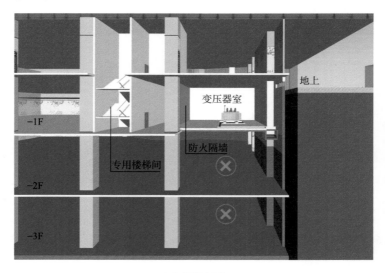

4.1.6 图示 2

3 变压器室之间、变压器室与配电室之间应采用防火门和耐火极限不低于 2.00h 的防火隔墙分隔。

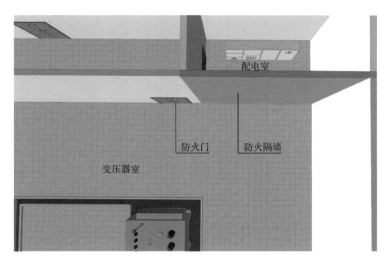

4.1.6 图示 3

4.1.7 消防水泵房的布置和防火分隔应符合下列规定：

1 单独建造的消防水泵房，耐火等级不应低于二级；

2 附设在建筑内的消防水泵房应采用防火门、防火窗、耐火极限不低于 2.00h 的防火隔墙和耐火极限不低于 1.50h 的楼板与其他部位分隔；

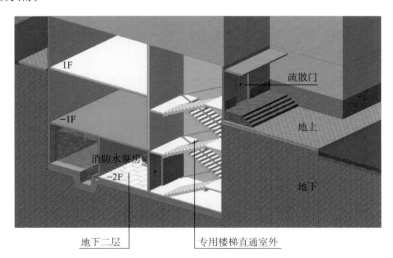

4.1.7 图示 1

3 除地铁工程、水利水电工程和其他特殊工程中的地下消防水泵房可根据工程要求确定其设置楼层外，其他建筑中的消防水泵房不应设置在建筑的地下三层及以下楼层；

4 消防水泵房的疏散门应直通室外或安全出口；

5 消防水泵房的室内环境温度不应低于5℃；

6 消防水泵房应采取防水淹等的措施。

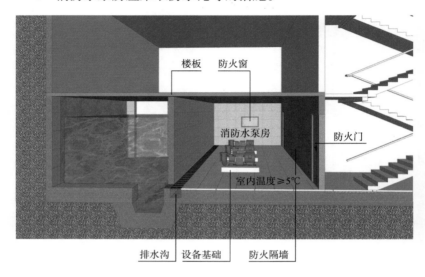

4.1.7 图示2

4.1.8 消防控制室的布置和防火分隔应符合下列规定：

1 单独建造的消防控制室，耐火等级不应低于二级；

2 附设在建筑内的消防控制室应采用防火门、防火窗、耐火极限不低于2.00h的防火隔墙和耐火极限不低于1.50h的楼板与其他部位分隔；

3 消防控制室应位于建筑的首层或地下一层，疏散门应直通室外或安全出口；

4 消防控制室的环境条件不应干扰或影响消防控制室内火灾报警与控制设备的正常运行；

5 消防控制室内不应敷设或穿过与消防控制室无关的管线；

6 消防控制室应采取防水淹、防潮、防啮齿动物等的措施。

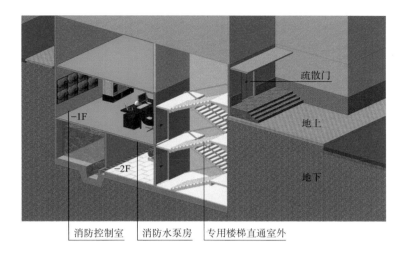

消防控制室　消防水泵房　专用楼梯直通室外

4.1.8 图示

4.1.9　汽车库不应与甲、乙类生产场所或库房贴邻或组合建造。

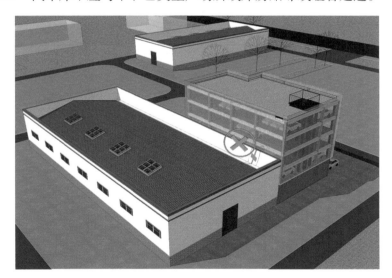

4.1.9 图示

4.2　工业建筑

4.2.1　除特殊工艺要求外，下列场所不应设置在地下或半地下：

　　1　甲、乙类生产场所；

2 甲、乙类仓库；

3 有粉尘爆炸危险的生产场所、滤尘设备间；

4 邮袋库、丝麻棉毛类物质库。

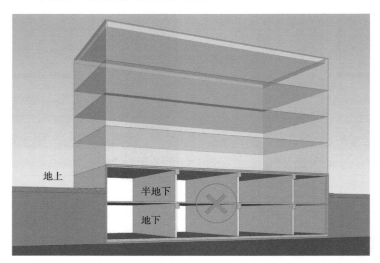

4.2.1 图示

4.2.2 厂房内不应设置宿舍。直接服务于生产的办公室、休息室等辅助用房的设置，应符合下列规定：

1 不应设置在甲、乙类厂房内；

4.2.2 图示 1

2　与甲、乙类厂房贴邻的辅助用房的耐火等级不应低于二级，并应采用耐火极限不低于 3.00h 的抗爆墙与厂房中有爆炸危险的区域分隔，安全出口应独立设置；

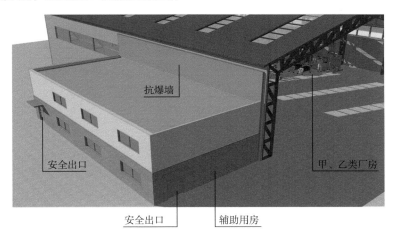

4.2.2 图示 2

3　设置在丙类厂房内的辅助用房应采用防火门、防火窗、耐火极限不低于 2.00h 的防火隔墙和耐火极限不低于 1.00h 的楼板与厂房内的其他部位分隔，并应设置至少 1 个独立的安全出口。

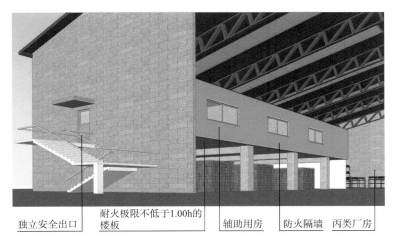

4.2.2 图示 3

4.2.3 设置在厂房内的甲、乙、丙类中间仓库，应采用防火墙和耐火极限不低于 1.50h 的不燃性楼板与其他部位分隔。

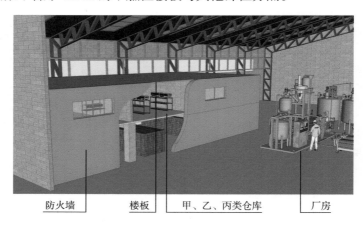

| 防火墙 | 楼板 | 甲、乙、丙类仓库 | 厂房 |

4.2.3 图示

4.2.4 与甲、乙类厂房贴邻并供该甲、乙类厂房专用的 10kV 及以下的变（配）电站，应采用无开口的防火墙或抗爆墙一面贴邻，与乙类厂房贴邻的防火墙上的开口应为甲级防火窗。其他变（配）电站应设置在甲、乙类厂房以及爆炸危险性区域外，不应与甲、乙类厂房贴邻。

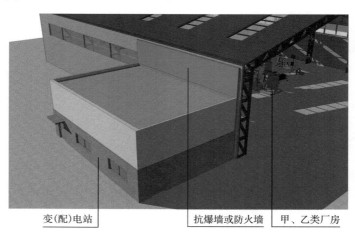

| 变(配)电站 | 抗爆墙或防火墙 | 甲、乙类厂房 |

4.2.4 图示 1

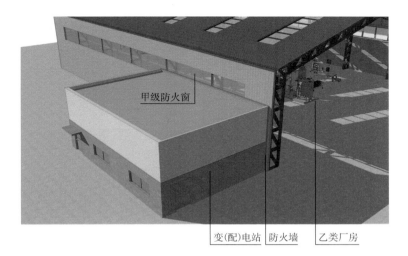

甲级防火窗

变(配)电站　防火墙　乙类厂房

4.2.4 图示 2

4.2.5 甲、乙类仓库和储存丙类可燃液体的仓库应为单、多层建筑。

4.2.6 仓库内的防火分区或库房之间应采用防火墙分隔，甲、乙类库房内的防火分区或库房之间应采用无任何开口的防火墙分隔。

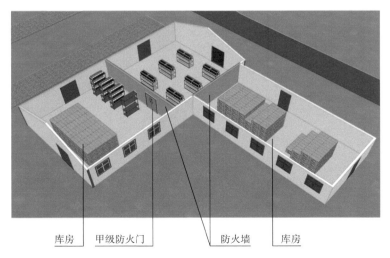

库房　甲级防火门　　　防火墙　库房

注：甲、乙类库房的防火墙不应开口

4.2.6 图示

4.2.7 仓库内不应设置员工宿舍及与库房运行、管理无直接关系的其他用房。甲、乙类仓库内不应设置办公室、休息室等辅助用房，不应与办公室、休息室等辅助用房及其他场所贴邻。丙、丁类仓库内的办公室、休息室等辅助用房，应采用防火门、防火窗、耐火极限不低于 2.00h 的防火隔墙和耐火极限不低于 1.00h 的楼板与其他部位分隔，并应设置独立的安全出口。

员工宿舍　　仓库

4.2.7 图示 1

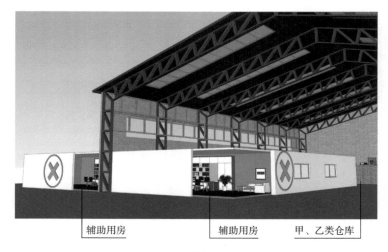

辅助用房　　辅助用房　　甲、乙类仓库

4.2.7 图示 2

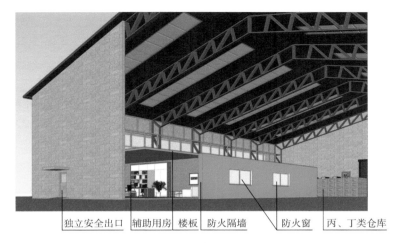

| 独立安全出口 | 辅助用房 | 楼板 | 防火隔墙 | 防火窗 | 丙、丁类仓库 |

4.2.7 图示 3

4.2.8　使用和生产甲、乙、丙类液体的场所中，管、沟不应与相邻建筑或场所的管、沟相通，下水道应采取防止含可燃液体的污水流入的措施。

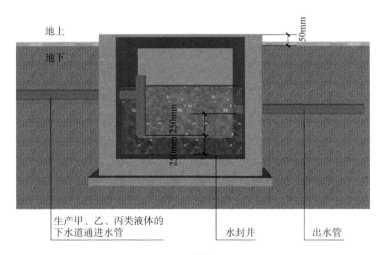

4.2.8 图示

4.3　民用建筑

4.3.1　民用建筑内不应设置经营、存放或使用甲、乙类火灾危险性物品的商店、作坊或储藏间等。民用建筑内除可设置为满足建筑使用功能的附属库房外，不应设置生产场所或其他库房，不应与工业建筑组合建造。

4.3.2 住宅与非住宅功能合建的建筑应符合下列规定：

1 除汽车库的疏散出口外，住宅部分与非住宅部分之间应采用耐火极限不低于2.00h，且无开口的防火隔墙和耐火极限不低于2.00h的不燃性楼板完全分隔。

4.3.2 图示1

2 住宅部分与非住宅部分的安全出口和疏散楼梯应分别独立设置。

3 为住宅服务的地上车库应设置独立的安全出口或疏散楼梯，地下车库的疏散楼梯间应按本规范第7.1.10条的规定分隔。

4 住宅与商业设施合建的建筑按照住宅建筑的防火要求建造的，应符合下列规定：

1）商业设施中每个独立单元之间应采用耐火极限不低于2.00h且无开口的防火隔墙分隔；

2）每个独立单元的层数不应大于2层，且2层的总建筑面积不应大于300m²；

3）每个独立单元中建筑面积大于200m²的任一楼层均应设置至

少 2 个疏散出口。

商业楼梯　　　住宅楼梯

4.3.2 图示 2

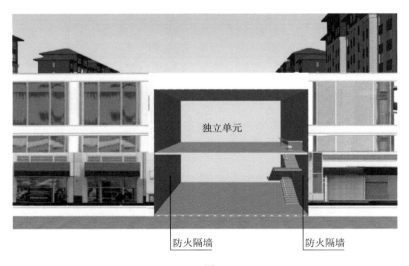

独立单元

防火隔墙　　　　防火隔墙

4.3.2 图示 3

4.3.3　商店营业厅、公共展览厅等的布置应符合下列规定：

　　1　对于一、二级耐火等级建筑，应布置在地下二层及以上的楼层；

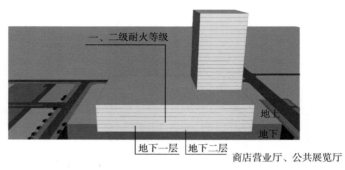

4.3.3 图示 1

2 对于三级耐火等级建筑，应布置在首层或二层；

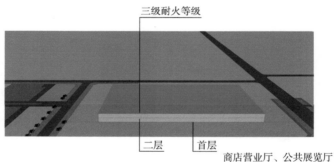

4.3.3 图示 2

3 对于四级耐火等级建筑，应布置在首层。

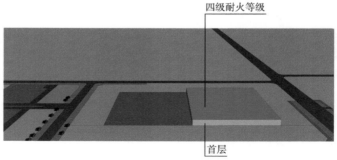

4.3.3 图示 3

4.3.4 儿童活动场所的布置应符合下列规定：

1 不应布置在地下或半地下；

2 对于一、二级耐火等级建筑，应布置在首层、二层或三层；

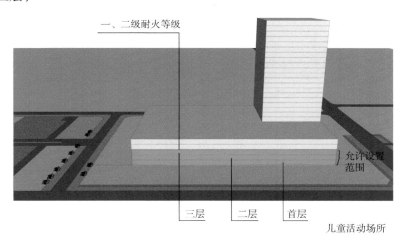

4.3.4 图示 1

3 对于三级耐火等级建筑，应布置在首层或二层；

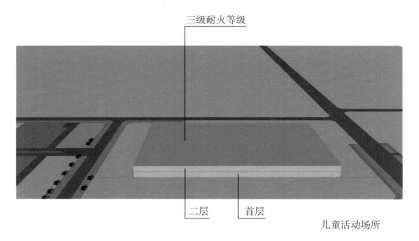

4.3.4 图示 2

4 对于四级耐火等级建筑，应布置在首层。

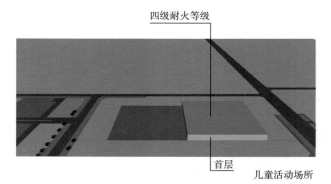

4.3.4 图示 3

4.3.5 老年人照料设施的布置应符合下列规定：

1 对于一、二级耐火等级建筑，不应布置在楼地面设计标高大于 54m 的楼层上；

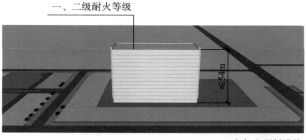

4.3.5 图示 1

2 对于三级耐火等级建筑，应布置在首层或二层；

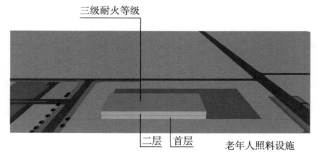

4.3.5 图示 2

3　居室和休息室不应布置在地下或半地下；

4　老年人公共活动用房、康复与医疗用房，应布置在地下一层及以上楼层，当布置在半地下或地下一层、地上四层及以上楼层时，每个房间的建筑面积不应大于 $200m^2$ 且使用人数不应大于 30 人。

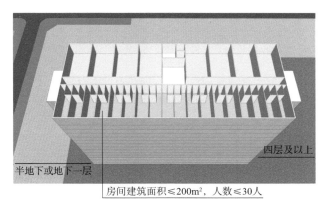

四层及以上

半地下或地下一层

房间建筑面积≤$200m^2$，人数≤30人

老年人照料设施

4.3.5 图示 3

4.3.6　医疗建筑中住院病房的布置和分隔应符合下列规定：

1　不应布置在地下或半地下；

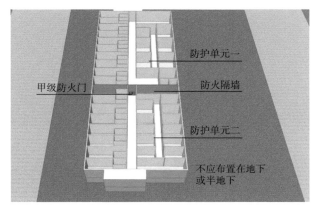

甲级防火门

防护单元一

防火隔墙

防护单元二

不应布置在地下
或半地下

医疗建筑

4.3.6 图示

2 对于三级耐火等级建筑，应布置在首层或二层；

3 建筑内相邻护理单元之间应采用耐火极限不低于 2.00h 的防火隔墙和甲级防火门分隔。

4.3.7 歌舞娱乐放映游艺场所的布置和分隔应符合下列规定：

1 应布置在地下一层及以上且埋深不大于 10m 的楼层；

2 当布置在地下一层或地上四层及以上楼层时，每个房间的建筑面积不应大于 200m²；

3 房间之间应采用耐火极限不低于 2.00h 的防火隔墙分隔；

4 与建筑的其他部位之间应采用防火门、耐火极限不低于 2.00h 的防火隔墙和耐火极限不低于 1.00h 的不燃性楼板分隔。

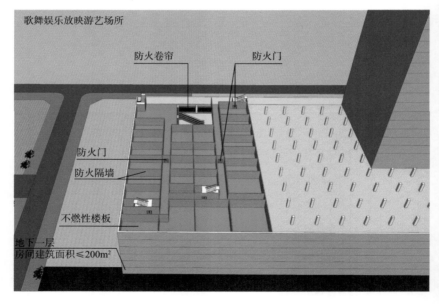

4.3.7 图示

4.3.8 Ⅰ级木结构建筑中的下列场所应布置在首层、二层或三层：

1 商店营业厅、公共展览厅等；

2 儿童活动场所、老年人照料设施；

3 医疗建筑中的住院病房；

4 歌舞娱乐放映游艺场所。

4.3.8 图示

4.3.9　Ⅱ级木结构建筑中的下列场所应布置在首层或二层：

1　商店营业厅、公共展览厅等；

2　儿童活动场所、老年人照料设施；

3　医疗建筑中的住院病房。

4.3.9 图示

4.3.10　Ⅲ级木结构建筑中的下列场所应布置在首层：

1　商店营业厅、公共展览厅等；

2　儿童活动场所。

儿童活动场所 | 商业 | Ⅲ级木结构建筑

4.3.10 图示

4.3.11 燃气调压用房、瓶装液化石油气瓶组用房应独立建造，不应与居住建筑、人员密集的场所及其他高层民用建筑贴邻；贴邻其他民用建筑的，应采用防火墙分隔，门、窗应向室外开启。瓶装液化石油气瓶组用房应符合下列规定：

1 当与所服务建筑贴邻布置时，液化石油气瓶组的总容积不应大于 $1m^3$，并应采用自然气化方式供气；

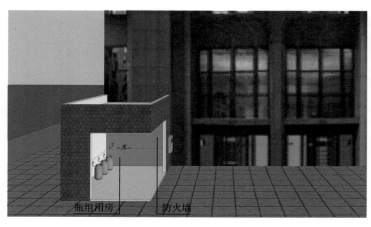

瓶组用房 | 防火墙

4.3.11 图示 1

2　瓶组用房的总出气管道上应设置紧急事故自动切断阀；

3　瓶组用房内应设置可燃气体探测报警装置。

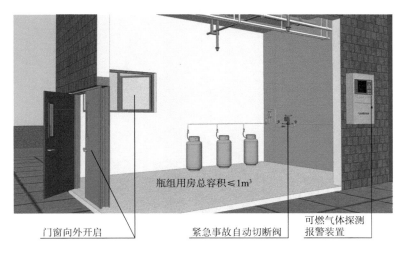

瓶组用房总容积≤1m³

门窗向外开启　　　　紧急事故自动切断阀　　　可燃气体探测
　　　　　　　　　　　　　　　　　　　　　　　报警装置

4.3.11 图示 2

4.3.12　建筑内使用天然气的部位应便于通风和防爆泄压。

防爆泄压阀

4.3.12 图示

4.3.13　四级生物安全实验室应独立划分防火分区，或与三级生物安全实验室共用一个防火分区。

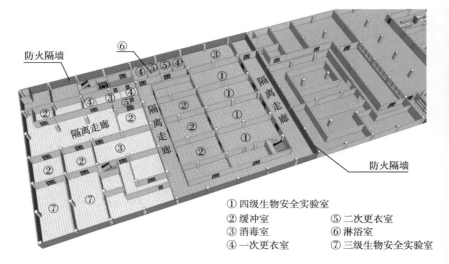

① 四级生物安全实验室
② 缓冲室　　　⑤ 二次更衣室
③ 消毒室　　　⑥ 淋浴室
④ 一次更衣室　⑦ 三级生物安全实验室

4.3.13 图示

4.3.14 交通车站、码头和机场的候车（船、机）建筑乘客公共区、交通换乘区和通道的布置应符合下列规定：

　　1 不应设置公共娱乐、演艺或经营性住宿等场所；

　　2 乘客通行的区域内不应设置商业设施，用于防火隔离的区域内不应布置任何可燃物体；

　　3 商业设施内不应使用明火。

4.3.15 一、二级耐火等级建筑内的商店营业厅，当设置自动灭火系统和火灾自动报警系统并采用不燃或难燃装修材料时，每个防火分区的最大允许建筑面积应符合下列规定：

　　1 设置在高层建筑内时，不应大于 4000m²；

　　2 设置在单层建筑内或仅设置在多层建筑的首层时，不应大于 10000m²；

　　3 设置在地下或半地下时，不应大于 2000m²。

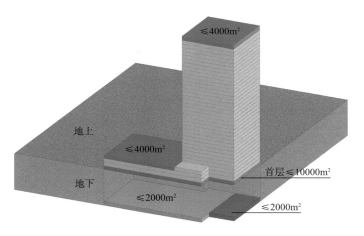

4.3.15 图示

4.3.16　除有特殊要求的建筑、木结构建筑和附建于民用建筑中的汽车库外，其他公共建筑中每个防火分区的最大允许建筑面积应符合下列规定：

1　对于高层建筑，不应大于 1500m²。

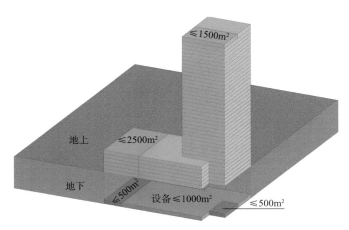

4.3.16 图示 1

2　对于一、二级耐火等级的单、多层建筑，不应大于 2500m²；对于三级耐火等级的单、多层建筑，不应大于 1200m²；对于四级耐火等级的单、多层建筑，不应大于 600m²。

3 对于地下设备房，不应大于 1000m^2；对于地下其他区域，不应大于 500m^2。

4 当防火分区全部设置自动灭火系统时，上述面积可以增加 1.0 倍；当局部设置自动灭火系统时，可按该局部区域建筑面积的 1/2 计入所在防火分区的总建筑面积。

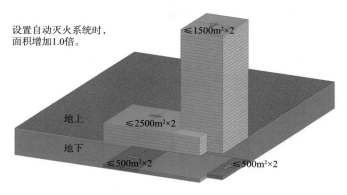

4.3.16 图示 2

4.3.17 总建筑面积大于 20000m^2 的地下或半地下商店，应分隔为多个建筑面积不大于 20000m^2 的区域且防火分隔措施应可靠、有效。

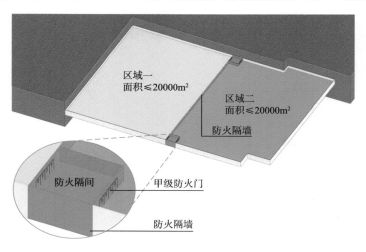

4.3.17 图示

4.4 其他工程

4.4.1 地铁车站的公共区与设备区之间应采取防火分隔措，车站内的商业设施和非地铁功能设施的布置应符合下列规定：

1 公共区内不应设置公共娱乐场所；

2 在站厅的乘客疏散区、站台层、出入口通道和其他用于乘客疏散的专用通道内，不应布置商业设施或非地铁功能设施；

3 站厅公共区内的商业设施不应经营或储存甲、乙类火灾危险性的物品，不应储存可燃性液体类物品。

4.4.2 地铁车站的站厅、站台、出入口通道、换乘通道、换乘厅与非地铁功能设施之间应采取防火分隔措施。

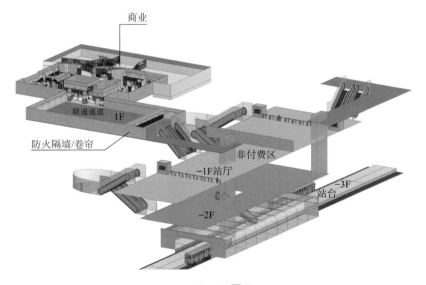

4.4.1/4.4.2 图示

4.4.3 地铁工程中的下列场所应分别独立设置，并应采用防火门（窗）、耐火极限不低于 2.00h 的防火隔墙和耐火极限不低于 1.50h 的楼板与其他部位分隔：

1 车站控制室（含防灾报警设备室）、车辆基地控制室（含防灾报警设备室）、环控电控室、站台门控制室；

2 变电站、配电室、通信及信号机房；

3 固定灭火装置设备室、消防水泵房；

4 废水泵房、通风机房、蓄电池室；

5 车站和车辆基地内火灾时需继续运行的其他房间。

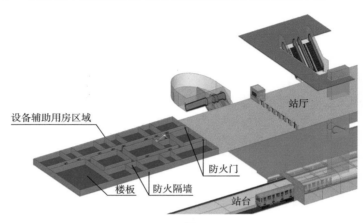

4.4.3 图示

4.4.4 在地铁车辆基地建筑的上部建造其他功能的建筑时，车辆基地建筑与其他功能的建筑之间应采用耐火极限不低于 3.00h 的楼板分隔，车辆基地建筑中承重的柱、梁和墙体的耐火极限均不应低于 3.00h，楼板的耐火极限不应低于 2.00h。

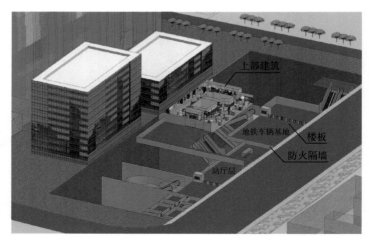

4.4.4 图示

4.4.5　交通隧道内的变电站、管廊、专用疏散通道、通风机房及其他辅助用房等，应采用耐火极限不低于 2.00h 的防火隔墙等与车行隧道分隔。

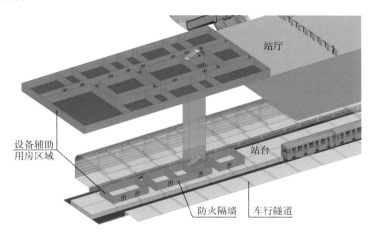

站厅

设备辅助
用房区域

站台

防火隔墙　车行隧道

4.4.5 图示

第5章

建筑结构耐火

5.1 一般规定

5.1.1　建筑的耐火等级或工程结构的耐火性能，应与其火灾危险性，建筑高度、使用功能和重要性，火灾扑救难度等相适应。

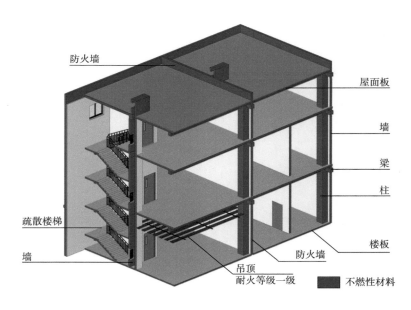

5.1.1 图示 1：耐火等级一级

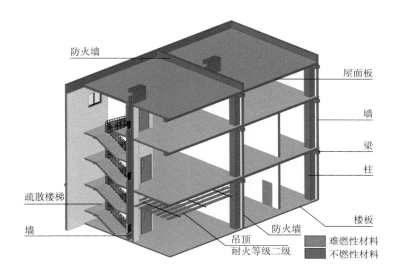

5.1.1 图示 2：耐火等级二级

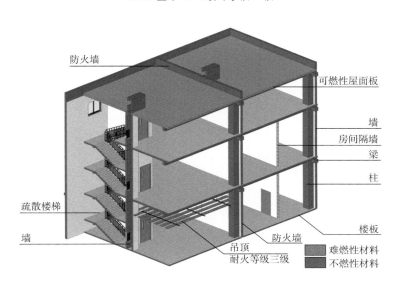

5.1.1 图示 3：耐火等级三级

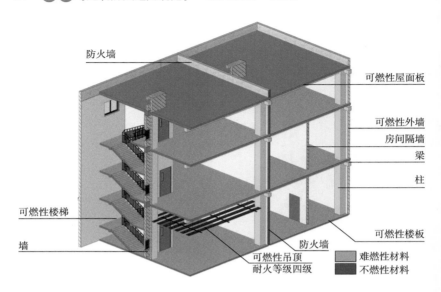

5.1.1 图示 4：耐火等级四级

5.1.2 地下、半地下建筑（室）的耐火等级应为一级。

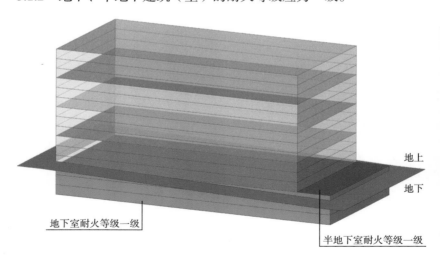

5.1.2 图示

5.1.3 建筑高度大于 100m 的工业与民用建筑楼板的耐火极限不应低于 2.00h。一级耐火等级工业与民用建筑的上人平屋顶，屋面板的耐火极限不应低于 1.50h；二级耐火等级工业与民用建筑的上人平屋顶，屋面板的耐火极限不应低于 1.00h。

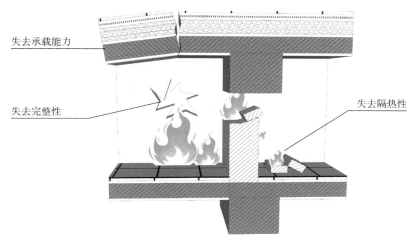

耐火极限判定条件

5.1.3 图示 1

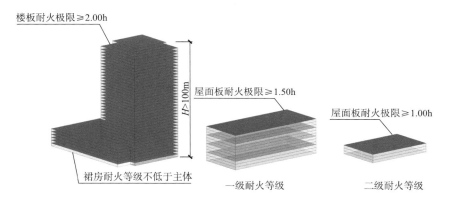

5.1.3 图示 2

5.1.4 建筑中承重的下列结构或构件应根据设计耐火极限和受力情况等进行耐火性能验算和防火保护设计，或采用耐火试验验证其耐火性能：

1 金属结构或构件；

5.1.4 图示 1

2 木结构或构件；

5.1.4 图示 2

3 组合结构或构件；

钢构件

木构件

5.1.4 图示 3

4　钢筋混凝土结构或构件。

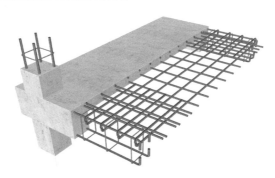

5.1.4 图示 4

5.1.5　下列汽车库的耐火等级应为一级：

1　Ⅰ类汽车库，Ⅰ类修车库；

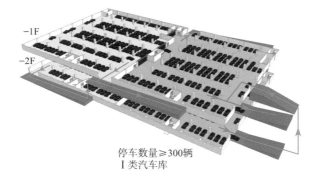

停车数量≥300辆
Ⅰ类汽车库

5.1.5 图示 1

2　甲、乙类物品运输车的汽车库或修车库；

甲、乙类物品运输车修车库

5.1.5 图示 2

3　其他高层汽车库。

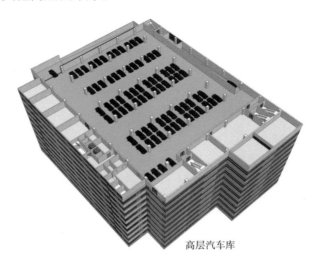

高层汽车库

5.1.5 图示 3

5.1.6　电动汽车充电站建筑、Ⅱ类汽车库、Ⅱ类修车库、变电站的耐火等级不应低于二级。

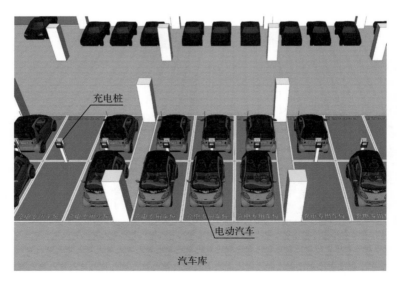

充电桩

电动汽车

汽车库

5.1.6 图示 1

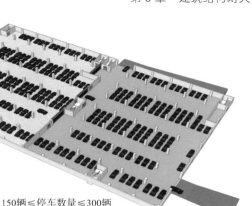

150辆≤停车数量≤300辆
Ⅱ类汽车库

5.1.6 图示 2

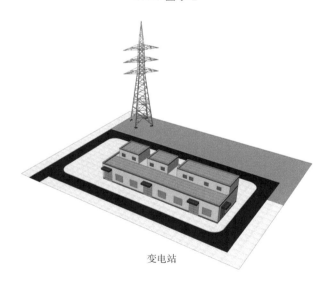

变电站

5.1.6 图示 3

5.1.7 裙房的耐火等级不应低于高层建筑主体的耐火等级。除可采用木结构的建筑外，其他建筑的耐火等级应符合本章的规定。

5.2 工业建筑

5.2.1 下列工业建筑的耐火等级应为一级：

　　1 建筑高度大于 50m 的高层厂房；

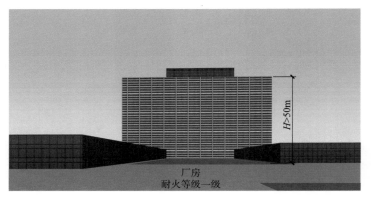

5.2.1 图示 1

2 建筑高度大于 32m 的高层丙类仓库,储存可燃液体的多层丙类仓库,每个防火分隔间建筑面积大于 3000m² 的其他多层丙类仓库;

5.2.1 图示 2

3 Ⅰ类飞机库。

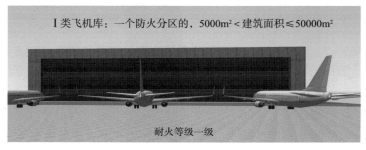

5.2.1 图示 3

5.2.2　除本规范第 5.2.1 条规定的建筑外，下列工业建筑的耐火等级不应低于二级：

1　建筑面积大于 $300m^2$ 的单层甲、乙类厂房，多层甲、乙类厂房；

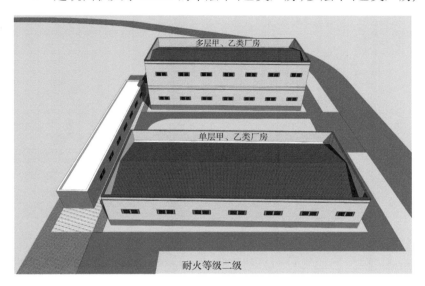

5.2.2 图示 1

2　高架仓库；

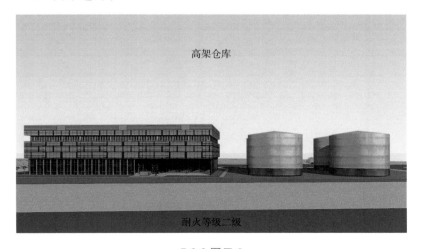

5.2.2 图示 2

3 Ⅱ、Ⅲ类飞机库；

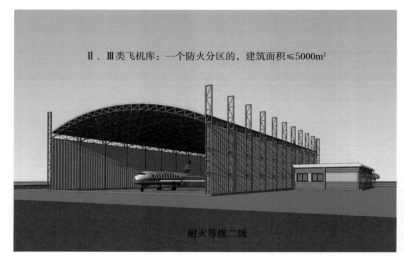

Ⅱ、Ⅲ类飞机库：一个防火分区的，建筑面积≤5000m²

耐火等级二级

5.2.2 图示3

4 使用或储存特殊贵重的机器、仪表、仪器等设备或物品的建筑；

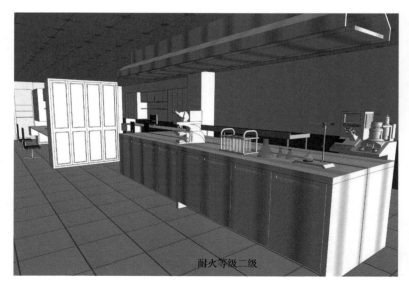

耐火等级二级

5.2.2 图示4

5　高层厂房、高层仓库。

5.2.2 图示 5

5.2.3　除本规范第 5.2.1 条和第 5.2.2 条规定的建筑外，下列工业建筑的耐火等级不应低于三级：

　　1　甲、乙类厂房；

　　2　单、多层丙类厂房；

　　3　多层丁类厂房；

5.2.3 图示 1

4　单、多层丙类仓库；

5　多层丁类仓库。

5.2.3 图示 2

5.2.4　丙、丁类物流建筑应符合下列规定：

1　建筑的耐火等级不应低于二级；

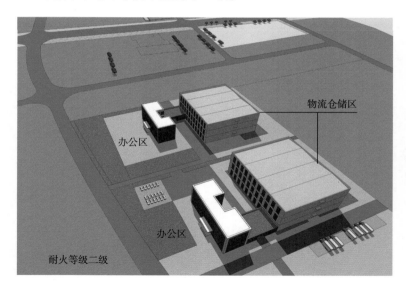

5.2.4 图示 1

2　物流作业区域和辅助办公区域应分别设置独立的安全出口或疏散楼梯；

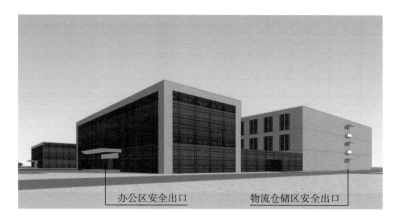

5.2.4 图示 2

3　物流作业区域与辅助办公区域之间应采用耐火极限不低于 3.00h 的防火隔墙和耐火极限不低于 2.00h 的楼板分隔。

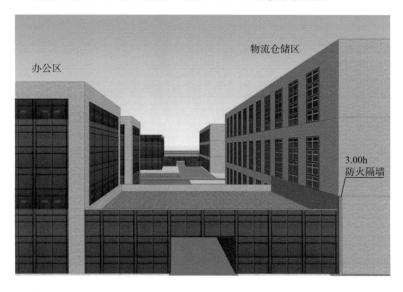

5.2.4 图示 3

5.3　民用建筑

5.3.1　下列民用建筑的耐火等级应为一级：

1 一类高层民用建筑；

5.3.1 图示 1

2 二层和二层半式、多层式民用机场航站楼；

5.3.1 图示 2

3　A 类广播电影电视建筑；

A类广播电影电视建筑

耐火等级一级

5.3.1 图示 3

4　四级生物安全实验室。

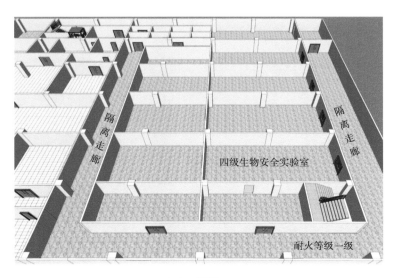

隔离走廊

隔离走廊

四级生物安全实验室

耐火等级一级

5.3.1 图示 4

5.3.2 下列民用建筑的耐火等级不应低于二级：

　　1　二类高层民用建筑；

二类高层民用建筑

耐火等级二级

5.3.2 图示 1

　　2　一层和一层半式民用机场航站楼；

一层和一层半式民用机场航站楼

耐火等级二级

5.3.2 图示 2

3　总建筑面积大于 1500m^2 的单、多层人员密集场所；

5.3.2 图示 3

4　B 类广播电影电视建筑；

5.3.2 图示 4

5 一级普通消防站、二级普通消防站、特勤消防站、战勤保障消防站；

5.3.2 图示 5

6 设置洁净手术部的建筑，三级生物安全实验室；

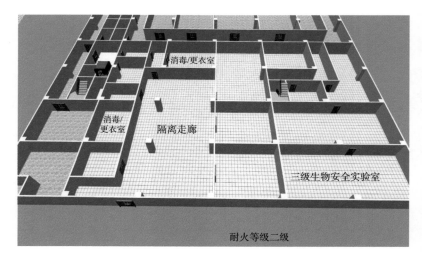

5.3.2 图示 6

7　用于灾时避难的建筑。

5.3.3　除本规范第 5.3.1 条、第 5.3.2 条规定的建筑外，下列民用建筑的耐火等级不应低于三级：

1　城市和镇中心区内的民用建筑；

5.3.3 图示 1

2　老年人照料设施、教学建筑、医疗建筑。

5.3.3 图示 2

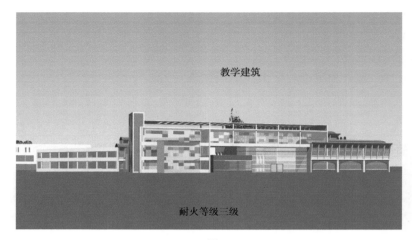

5.3.3 图示 3

5.3.3 图示 4

5.4 其他工程

5.4.1 地铁工程地下出入口通道、地上控制中心建筑、地上主变电站的耐火等级不应低于一级。地铁的地上车站建筑的耐火等级不应低于三级。

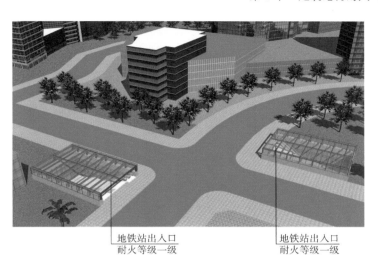

5.4.1 图示

5.4.2 交通隧道承重结构体的耐火性能应与其车流量、隧道封闭段长度、通行车辆类型和隧道的修复难度等情况相适应。

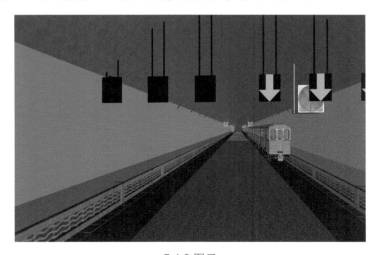

5.4.2 图示

5.4.3 城市交通隧道的消防救援出入口的耐火等级不应低于一级。城市交通隧道的地面重要设备用房、运营管理中心及其他地面附属用房的耐火等级不应低于二级。

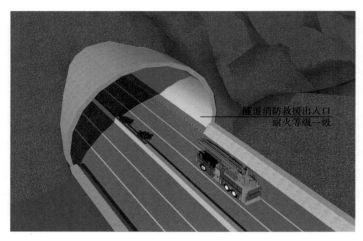

5.4.3 图示

第6章

建筑构造与装修

6.1 防火墙

6.1.1 防火墙应直接设置在建筑的基础或具有相应耐火性能的框架、梁等承重结构上，并应从楼地面基层隔断至结构梁、楼板或屋面板的底面。防火墙与建筑外墙、屋顶相交处，防火墙上的门、窗等开口，应采取防止火灾蔓延至防火墙另一侧的措施。

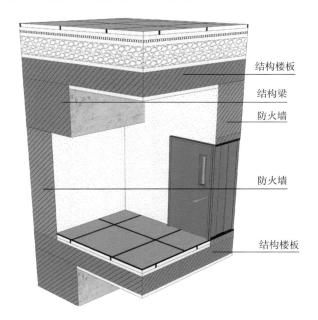

结构楼板

结构梁

防火墙

防火墙

结构楼板

6.1.1 图示

6.1.2 防火墙任一侧的建筑结构或构件以及物体受火作用发生破坏或倒塌并作用到防火墙时，防火墙应仍能阻止火灾蔓延至防火墙的另一侧。

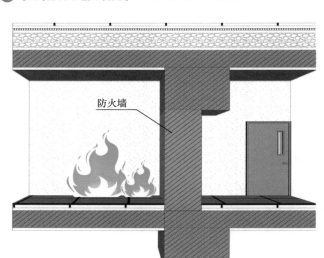

6.1.2 图示

6.1.3 防火墙的耐火极限不应低于 3.00h。甲、乙类厂房和甲、乙、丙类仓库内的防火墙，耐火极限不应低于 4.00h。

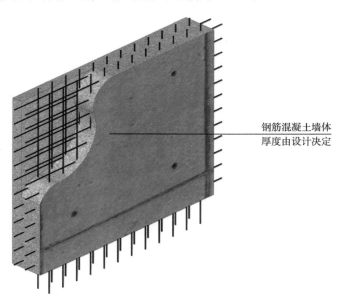

钢筋混凝土墙体
厚度由设计决定

6.1.3 图示 1

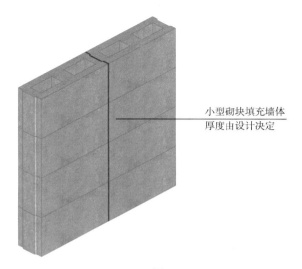

小型砌块填充墙体
厚度由设计决定

6.1.3 图示 2

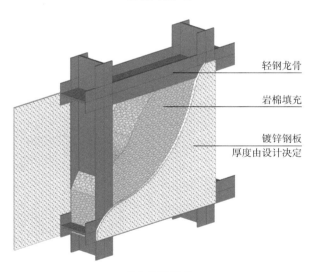

轻钢龙骨

岩棉填充

镀锌钢板
厚度由设计决定

6.1.3 图示 3

6.2　防火隔墙与幕墙

6.2.1　防火隔墙应从楼地面基层隔断至梁、楼板或屋面板的底面基层，防火隔墙上的门、窗等开口应采取防止火灾蔓延至防火隔墙另一侧的措施。

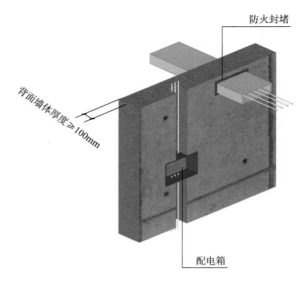

6.2.1 图示

6.2.2 住宅分户墙、住宅单元之间的墙体、防火隔墙与建筑外墙、楼板、屋顶相交处，应采取防止火灾蔓延至另一侧的防火封堵措施。

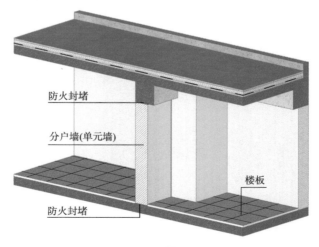

6.2.2 图示

6.2.3 建筑外墙上、下层开口之间应采取防止火灾沿外墙开口蔓延至建筑其他楼层内的措施。在建筑外墙上水平或竖向相邻开口之间用于防止火灾蔓延的墙体、隔板或防火挑檐等实体分隔结构，其耐火性能均不应低于该建筑外墙的耐火性能要求。住宅建筑外墙上相邻套房开口之间的水平距离或防火措施应满足防止火灾通过相邻开口蔓延的要求。

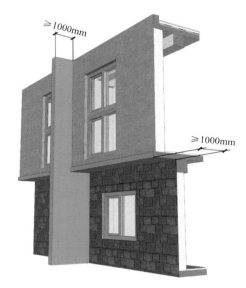

6.2.3 图示 1

6.2.3 图示 2

6.2.4 建筑幕墙应在每层楼板外沿处采取防止火灾通过幕墙空腔等构造竖向蔓延的措施。

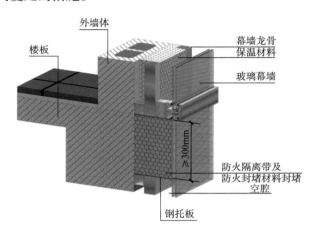

6.2.4 图示 1

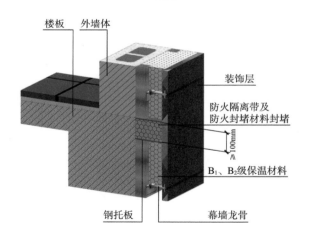

6.2.4 图示 2

6.3 竖井、管线防火和防火封堵

6.3.1 电梯井应独立设置,电梯井内不应敷设或穿过可燃气体或甲、乙、丙类液体管道及与电梯运行无关的电线或电缆等。电梯层门的耐火完整性不应低于 2.00h。

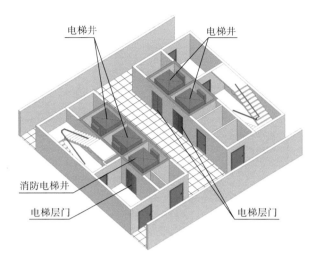

6.3.1 图示

6.3.2　电气竖井、管道井、排烟或通风道、垃圾井等竖井应分别独立设置，井壁的耐火极限均不应低于 1.00h。

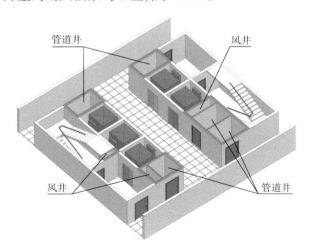

6.3.2 图示

6.3.3　除通风管道井、送风管道井、排烟管道井、必须通风的燃气管道竖井及其他有特殊要求的竖井可不在层间的楼板处分隔外，其他竖井应在每层楼板处采取防火分隔措施，且防火分隔组件的耐火性能不应低于楼板的耐火性能。

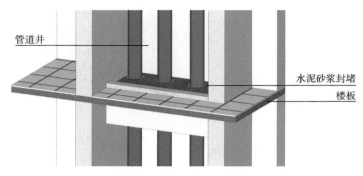

6.3.3 图示

6.3.4 电气线路和各类管道穿过防火墙、防火隔墙、竖井井壁、建筑变形缝处和楼板处的孔隙应采取防火封堵措施。防火封堵组件的耐火性能不应低于防火分隔部位的耐火性能要求。

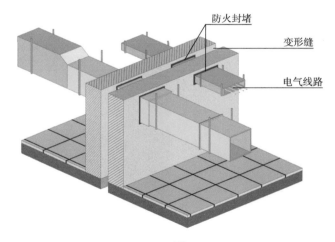

6.3.4 图示

6.3.5 通风和空气调节系统的管道、防烟与排烟系统的管道穿过防火墙、防火隔墙、楼板、建筑变形缝处，建筑内未按防火分区独立设置的通风和空气调节系统中的竖向风管与每层水平风管交接的水平管段处，均应采取防止火灾通过管道蔓延至其他防火分隔区域的措施。

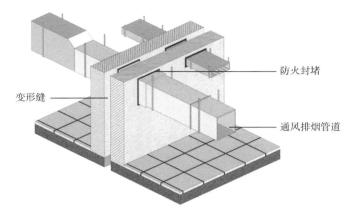

防火封堵

变形缝

通风排烟管道

6.3.5 图示

6.4　防火门、防火窗、防火卷帘和防火玻璃墙

6.4.1　防火门、防火窗应具有自动关闭的功能，在关闭后应具有烟密闭的性能。宿舍的居室、老年人照料设施的老年人居室、旅馆建筑的客房开向公共内走廊或封闭式外走廊的疏散门，应在关闭后具有烟密闭的性能。宿舍的居室、旅馆建筑的客房的疏散门，应具有自动关闭的功能。

6.4.2　下列部位的门应为甲级防火门：

　　1　设置在防火墙上的门、疏散走道在防火分区处设置的门；

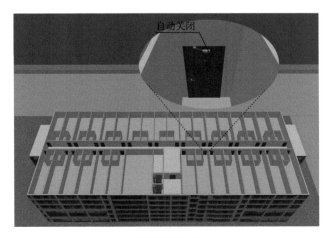

自动关闭

6.4.2 图示 1

2 设置在耐火极限要求不低于 3.00h 的防火隔墙上的门；

3 电梯间、疏散楼梯间与汽车库连通的门；

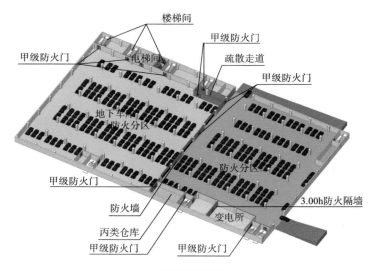

6.4.2 图示 2

4 室内开向避难走道前室的门、避难间的疏散门；

5 多层乙类仓库和地下、半地下及多、高层丙类仓库中从库房通向疏散走道或疏散楼梯间的门。

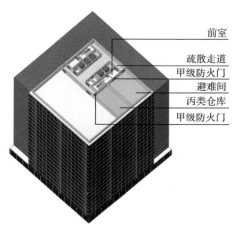

6.4.2 图示 3

6.4.3　除建筑直通室外和屋面的门可采用普通门外，下列部位的门的耐火性能不应低于乙级防火门的要求，且其中建筑高度大于 100m 的建筑相应部位的门应为甲级防火门：

1　甲、乙类厂房，多层丙类厂房，人员密集的公共建筑和其他高层工业与民用建筑中封闭楼梯间的门；

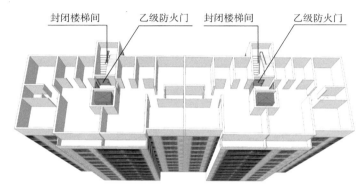

6.4.3 图示 1

2　防烟楼梯间及其前室的门；

3　消防电梯前室或合用前室的门；

4　前室开向避难走道的门；

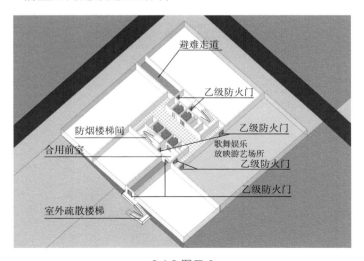

6.4.3 图示 2

5 地下、半地下及多、高层丁类仓库中从库房通向疏散走道或疏散楼梯的门；

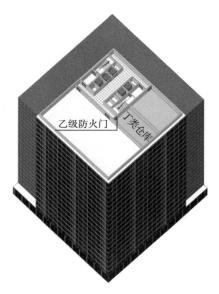

6.4.3 图示 3

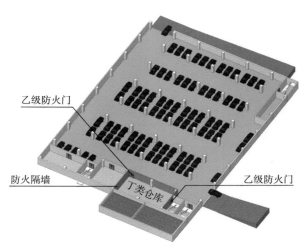

6.4.3 图示 4

6 歌舞娱乐放映游艺场所中的房间疏散门；

7　从室内通向室外疏散楼梯的疏散门；

8　设置在耐火极限要求不低于 2.00h 的防火隔墙上的门。

6.4.4　电气竖井、管道井、排烟道、排气道、垃圾道等竖井井壁上的检查门，应符合下列规定：

1　对于埋深大于 10m 的地下建筑或地下工程，应为甲级防火门；

2　对于建筑高度大于 100m 的建筑，应为甲级防火门；

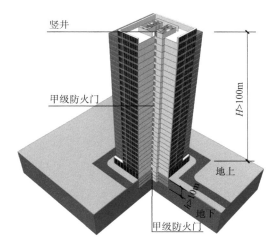

6.4.4 图示 1

3　对于层间无防火分隔的竖井和住宅建筑的合用前室，门的耐火性能不应低于乙级防火门的要求；

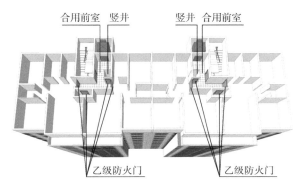

6.4.4 图示 2

4 对于其他建筑，门的耐火性能不应低于丙级防火门的要求，当竖井在楼层处无水平防火分隔时，门的耐火性能不应低于乙级防火门的要求。

6.4.5 平时使用的人民防空工程中代替甲级防火门的防护门、防护密闭门、密闭门，耐火性能不应低于甲级防火门的要求，且不应用于平时使用的公共场所的疏散出口处。

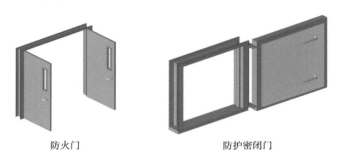

防火门　　　　　　　　　　防护密闭门

6.4.5 图示

6.4.6 设置在防火墙和要求耐火极限不低于 3.00h 的防火隔墙上的窗应为甲级防火窗。

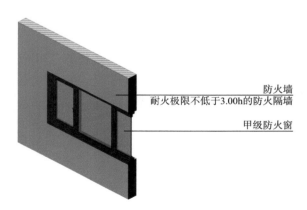

防火墙
耐火极限不低于3.00h的防火隔墙

甲级防火窗

6.4.6 图示

6.4.7 下列部位的窗的耐火性能不应低于乙级防火窗的要求：

1 歌舞娱乐放映游艺场所中房间开向走道的窗；

2 设置在避难间或避难层中避难区对应外墙上的窗；

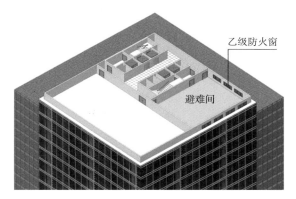

6.4.7 图示 1

3 其他要求耐火极限不低于 2.00h 的防火隔墙上的窗。

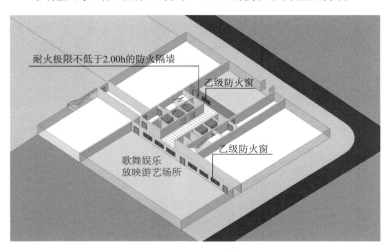

6.4.7 图示 2

6.4.8 用于防火分隔的防火卷帘应符合下列规定：

1 应具有在火灾时不需要依靠电源等外部动力源而依靠自重自行关闭的功能；

2 耐火性能不应低于防火分隔部位的耐火性能要求；

3 应在关闭后具有烟密闭的性能；

4 在同一防火分隔区域的界限处采用多樘防火卷帘分隔时，应具有同步降落封闭开口的功能。

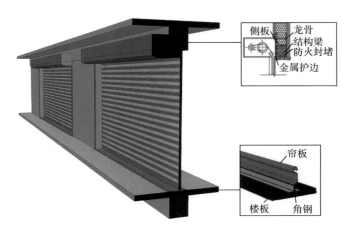

6.4.8 图示

6.4.9 用于防火分隔的防火玻璃墙，耐火性能不应低于所在防火分隔部位的耐火性能要求。

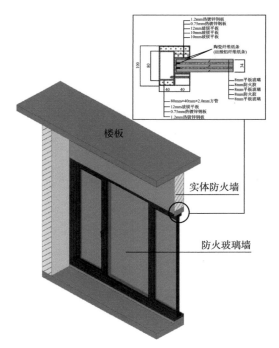

6.4.9 图示

6.5　建筑的内部和外部装修

6.5.1　建筑内部装修不应擅自减少、改动、拆除、遮挡消防设施或器材及其标识、疏散指示标志、疏散出口、疏散走道或疏散横通道，不应擅自改变防火分区或防火分隔、防烟分区及其分隔，不应影响消防设施或器材的使用功能和正常操作。

6.5.2　下列部位不应使用影响人员安全疏散和消防救援的镜面反光材料：

　1　疏散出口的门；

　2　疏散走道及其尽端、疏散楼梯间及其前室的顶棚、墙面和地面；

　3　供消防救援人员进出建筑的出入口的门、窗；

　4　消防专用通道、消防电梯前室或合用前室的顶棚、墙面和地面。

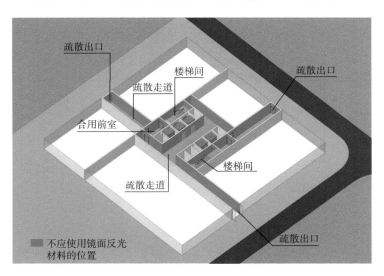

6.5.2 图示

6.5.3　下列部位的顶棚、墙面和地面内部装修材料的燃烧性能均应为 A 级：

　1　避难走道、避难层、避难间；

　2　疏散楼梯间及其前室；

　3　消防电梯前室或合用前室。

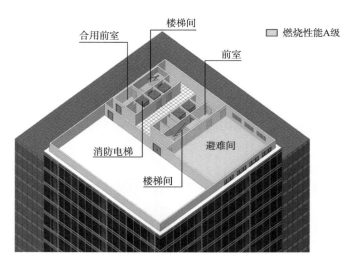

6.5.3 图示

6.5.4 消防控制室地面装修材料的燃烧性能不应低于 B_1 级，顶棚和墙面内部装修材料的燃烧性能均应为 A 级。下列设备用房的顶棚、墙面和地面内部装修材料的燃烧性能均应为 A 级：

1 消防水泵房、机械加压送风机房、排烟机房、固定灭火系统钢瓶间等消防设备间；

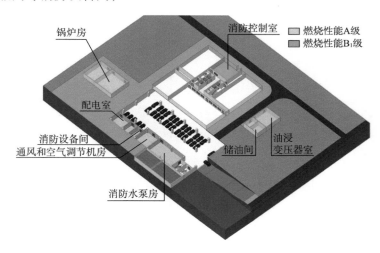

6.5.4 图示

2　配电室、油浸变压器室、发电机房、储油间；

3　通风和空气调节机房；

4　锅炉房。

6.5.5　歌舞娱乐放映游艺场所内部装修材料的燃烧性能应符合下列规定：

1　顶棚装修材料的燃烧性能应为 A 级；

2　其他部位装修材料的燃烧性能均不应低于 B_1 级；

3　设置在地下或半地下的歌舞娱乐放映游艺场所，墙面装修材料的燃烧性能应为 A 级。

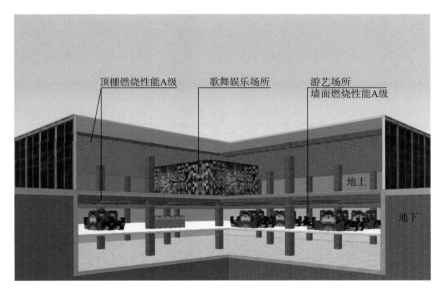

6.5.5 图示

6.5.6　下列场所设置在地下或半地下时，室内装修材料不应使用易燃材料、石棉制品、玻璃纤维、塑料类制品，顶棚、墙面、地面的内部装修材料的燃烧性能均应为 A 级：

1　汽车客运站、港口客运站、铁路车站的进出站通道、进出站厅、候乘厅；

2　地铁车站、民用机场航站楼、城市民航值机厅的公共区；

3　交通换乘厅、换乘通道。

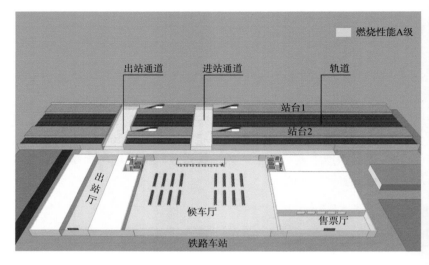

6.5.6 图示 1

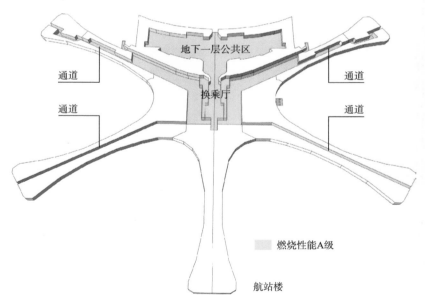

6.5.6 图示 2

6.5.7 除有特殊要求的场所外,下列生产场所和仓库的顶棚、墙面、地面和隔断内部装修材料的燃烧性能均应为 A 级:

1　有明火或高温作业的生产场所；

2　甲、乙类生产场所；

3　甲、乙类仓库；

4　丙类高架仓库、丙类高层仓库；

5　地下或半地下丙类仓库。

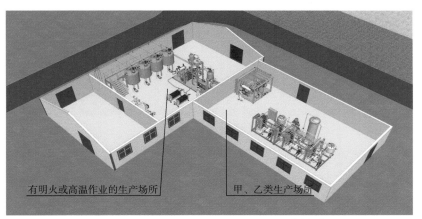

6.5.7 图示 1

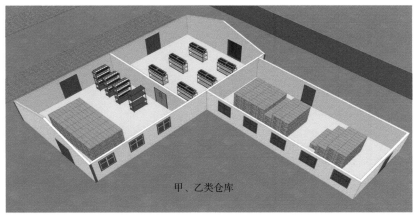

6.5.7 图示 2

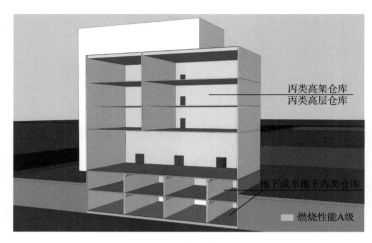

丙类高架仓库
丙类高层仓库

地下或半地下丙类仓库

燃烧性能A级

6.5.7 图示 3

6.5.8 建筑的外部装修和户外广告牌的设置，应满足防止火灾通过建筑外立面蔓延的要求，不应妨碍建筑的消防救援或火灾时建筑的排烟与排热，不应遮挡或减小消防救援口。

救援窗

装饰线条

店招及广告牌

6.5.8 图示

6.6 建筑保温

6.6.1 建筑的外保温系统不应采用燃烧性能低于 B_2 级的保温材料或制品。当采用 B_1 级或 B_2 级燃烧性能的保温材料或制品时，应采取防止火灾通过保温系统在建筑的立面或屋面蔓延的措施或构造。

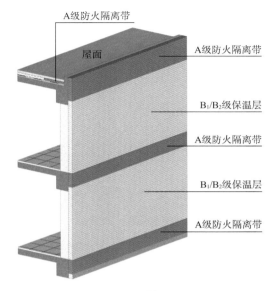

6.6.1 图示

6.6.2 建筑的外围护结构采用保温材料与两侧不燃性结构构成无空腔复合保温结构体时，该复合保温结构体的耐火极限不应低于所在外围护结构的耐火性能要求。当保温材料的燃烧性能为 B_1 级或 B_2 级时，保温材料两侧不燃性结构的厚度均不应小于 50mm。

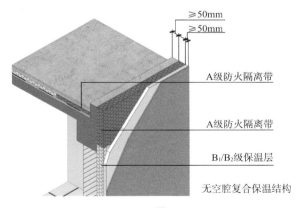

6.6.2 图示

6.6.3 飞机库的外围护结构、内部隔墙和屋面保温隔热层，均应采用燃烧性能为 A 级的材料，飞机库大门及采光材料的燃烧性能均不应低于 B_1 级。

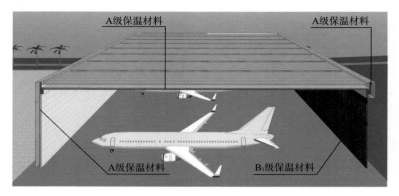

6.6.3 图示

6.6.4 除本规范第 6.6.2 条规定的情况外，下列老年人照料设施的内、外保温系统和屋面保温系统均应采用燃烧性能为 A 级的保温材料或制品：

　　1 独立建造的老年人照料设施；

　　2 与其他功能的建筑组合建造且老年人照料设施部分的总建筑面积大于 500m² 的老年人照料设施。

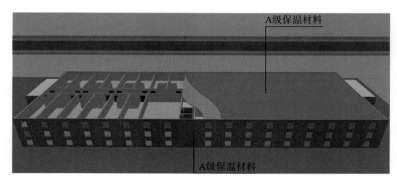

6.6.4 图示

6.6.5 除本规范第 6.6.2 条规定的情况外，下列建筑或场所的外墙外保温材料的燃烧性能应为 A 级：

1 人员密集场所；

2 设置人员密集场所的建筑。

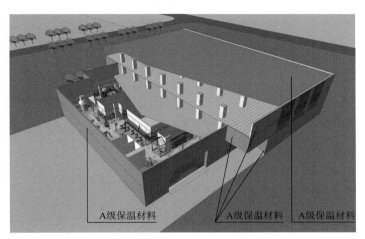

6.6.5 图示

6.6.6 除本规范第 6.6.2 条规定的情况外，住宅建筑采用与基层墙体、装饰层之间无空腔的外墙外保温系统时，保温材料或制品的燃烧性能应符合下列规定：

1 建筑高度大于 100m 时，应为 A 级；

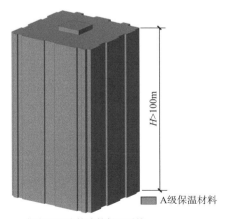

住宅无空腔外墙外保温系统

6.6.6 图示 1

2 建筑高度大于 27m、不大于 100m 时，不应低于 B_1 级。

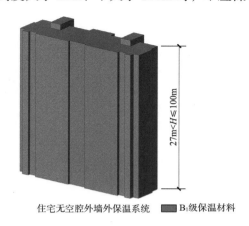

住宅无空腔外墙外保温系统 ■ B_1 级保温材料

6.6.6 图示 2

6.6.7 除本规范第 6.6.3 条～第 6.6.6 条规定的建筑外，其他建筑采用与基层墙体、装饰层之间无空腔的外墙外保温系统时，保温材料或制品的燃烧性能应符合下列规定：

1 建筑高度大于 50m 时，应为 A 级；

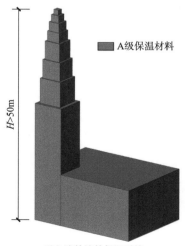

■ A级保温材料

无空腔外墙外保温系统

6.6.7 图示 1

2　建筑高度大于 24m、不大于 50m 时，不应低于 B$_1$ 级。

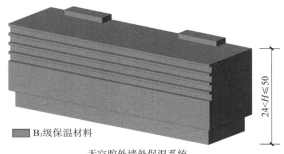

无空腔外墙外保温系统

6.6.7 图示 2

6.6.8　除本规范第 6.6.3 条～第 6.6.5 条规定的建筑外，其他建筑采用与基层墙体、装饰层之间有空腔的外墙外保温系统时，保温系统应符合下列规定：

1　建筑高度大于 24m 时，保温材料或制品的燃烧性能应为 A 级；

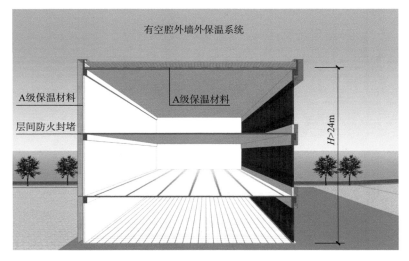

6.6.8 图示 1

2　建筑高度不大于 24m 时，保温材料或制品的燃烧性能不应低于 B$_1$ 级；

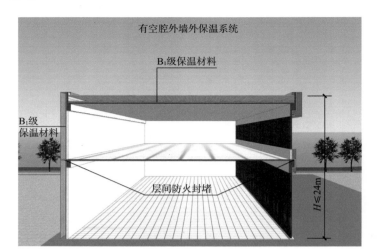

6.6.8 图示 2

3 外墙外保温系统与基层墙体、装饰层之间的空腔，应在每层楼板处采取防火分隔与封堵措施。

6.6.9 下列场所或部位内保温系统中保温材料或制品的燃烧性能应为 A 级：

1 人员密集场所；

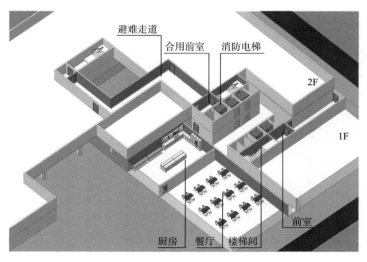

6.6.9 图示

2　使用明火、燃油、燃气等有火灾危险的场所；

3　疏散楼梯间及其前室；

4　避难走道、避难层、避难间；

5　消防电梯前室或合用前室。

6.6.10　除本规范第 6.6.3 条和第 6.6.9 条规定的场所或部位外，其他场所或部位内保温系统中保温材料或制品的燃烧性能均不应低于 B_1 级。当采用 B_1 级燃烧性能的保温材料时，保温系统的外表面应采取使用不燃材料设置防护层等防火措施。

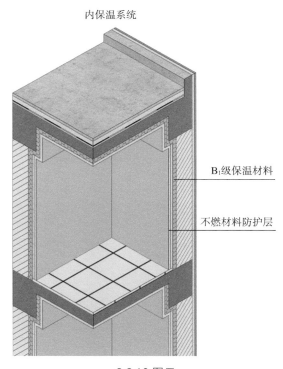

内保温系统

B_1级保温材料

不燃材料防护层

6.6.10 图示

第7章

安全疏散与避难设施

7.1 一般规定

7.1.1 建筑的疏散出口数量、位置和宽度，疏散楼梯（间）的形式和宽度，避难设施的位置和面积等，应与建筑的使用功能、火灾危险性、耐火等级、建筑高度或层数、埋深、建筑面积、人员密度、人员特性等相适应。

7.1.2 建筑中的疏散出口应分散布置，房间疏散门应直接通向安全出口，不应经过其他房间。疏散出口的宽度和数量应满足人员安全疏散的要求。各层疏散楼梯的净宽度应符合下列规定：

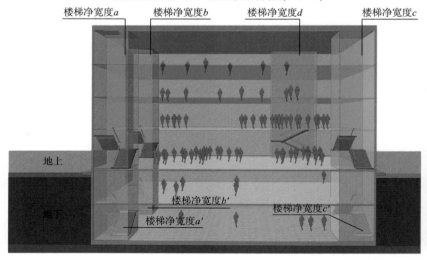

7.1.2 图示

1 对于建筑的地上楼层，各层疏散楼梯的净宽度均不应小于其上部各层中要求疏散净宽度的最大值；

2 对于建筑的地下楼层或地下建筑、平时使用的人民防空工程，各层疏散楼梯的净宽度均不应小于其下部各层中要求疏散净宽度的最大值。

7.1.3 建筑中的最大疏散距离应根据建筑的耐火等级、火灾危险性、空间高度、疏散楼梯（间）的形式和使用人员的特点等因素确定，并应符合下列规定：

1 疏散距离应满足人员安全疏散的要求；

2 房间内任一点至房间疏散门的疏散距离，不应大于建筑中位于袋形走道两侧或尽端房间的疏散门至最近安全出口的最大允许疏散距离。

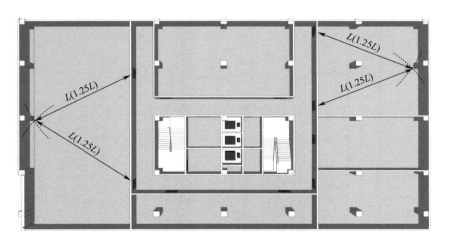

注：L 指安全疏散距离。建筑内全部设自动喷淋灭火系统时，安全疏散距离按括号内数字。

7.1.3 图示

7.1.4 疏散出口门、疏散走道、疏散楼梯等的净宽度应符合下列规定：

1 疏散出口门、室外疏散楼梯的净宽度均不应小于 0.80m；

7.1.4 图示 1

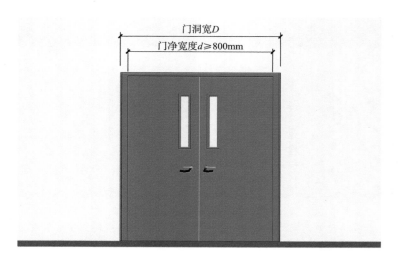

7.1.4 图示 2

2 住宅建筑中直通室外地面的住宅户门的净宽度不应小于 0.80m，当住宅建筑高度不大于 18m 且一边设置栏杆时，室内疏散楼梯的净宽度不应小于 1.0m，其他住宅建筑室内疏散楼梯的净宽度不应小于 1.1m；

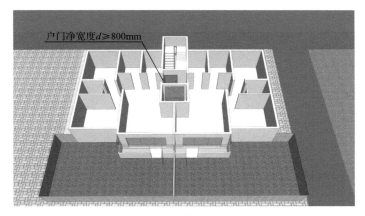

7.1.4 图示 3

3　疏散走道、首层疏散外门、公共建筑中的室内疏散楼梯的净宽度均不应小于 1.1m；

4　净宽度大于 4.0m 的疏散楼梯、室内疏散台阶或坡道，应设置扶手栏杆分隔为宽度均不大于 2.0m 的区段。

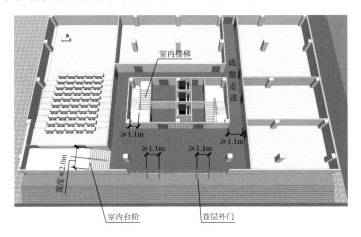

7.1.4 图示 4

7.1.5　在疏散通道、疏散走道、疏散出口处，不应有任何影响人员疏散的物体，并应在疏散通道、疏散走道、疏散出口的明显位置设置明显的指示标志。疏散通道、疏散走道、疏散出口的净高度均不应小于 2.1m。疏散走道在防火分区分隔处应设置疏散门。

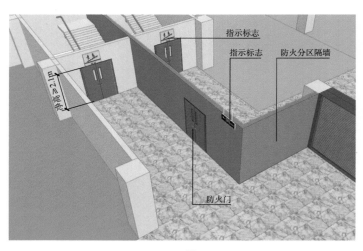

7.1.5 图示

7.1.6 除设置在丙、丁、戊类仓库首层靠墙外侧的推拉门或卷帘门可用于疏散门外，疏散出口门应为平开门或在火灾时具有平开功能的门，且下列场所或部位的疏散出口门应向疏散方向开启：

　　1 甲、乙类生产场所；

　　2 甲、乙类物质的储存场所；

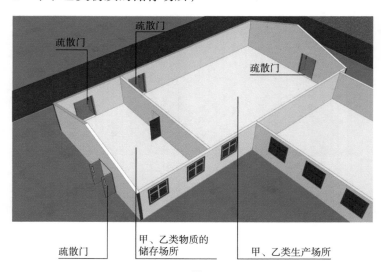

7.1.6 图示 1

3 平时使用的人民防空工程中的公共场所；

4 其他建筑中使用人数大于 60 人的房间或每樘门的平均疏散人数大于 30 人的房间；

5 疏散楼梯间及其前室的门；

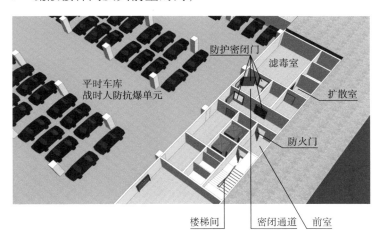

7.1.6 图示 2

6 室内通向室外疏散楼梯的门。

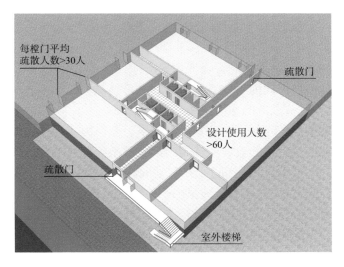

7.1.6 图示 3

7.1.7 疏散出口门应能在关闭后从任何一侧手动开启。开向疏散楼梯（间）或疏散走道的门在完全开启时，不应减少楼梯平台或疏散走道的有效净宽度。除住宅的户门可不受限制外，建筑中控制人员出入的闸口和设置门禁系统的疏散出口门应具有在火灾时自动释放的功能，且人员不需使用任何工具即能容易地从内部打开，在门内一侧的显著位置应设置明显的标识。

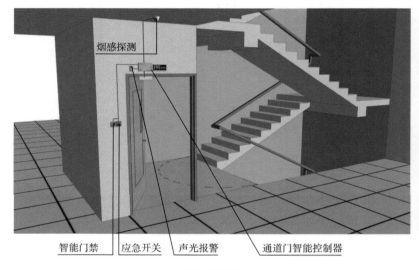

7.1.7 图示

7.1.8 室内疏散楼梯间应符合下列规定：

1 疏散楼梯间内不应设置烧水间、可燃材料储藏室、垃圾道及其他影响人员疏散的凸出物或障碍物。

2 疏散楼梯间内不应设置或穿过甲、乙、丙类液体管道。

3 在住宅建筑的疏散楼梯间内设置可燃气体管道和可燃气体计量表时，应采用敞开楼梯间，并应采取防止燃气泄漏的防护措施；其他建筑的疏散楼梯间及其前室内不应设置可燃或助燃气体管道。

4 疏散楼梯间及其前室与其他部位的防火分隔不应使用卷帘。

5 除疏散楼梯间及其前室的出入口、外窗和送风口，住宅建筑疏散楼梯间前室或合用前室内的管道井检查门外，疏散楼梯间及其前室或合用前室内的墙上不应设置其他门、窗等开口。

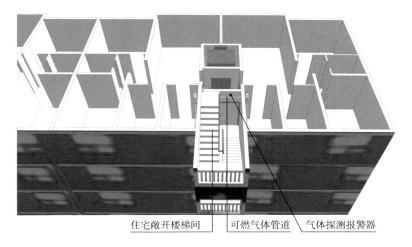

住宅敞开楼梯间　可燃气体管道　气体探测报警器

7.1.8 图示 1

6　自然通风条件不符合防烟要求的封闭楼梯间，应采取机械加压防烟措施或采用防烟楼梯间。

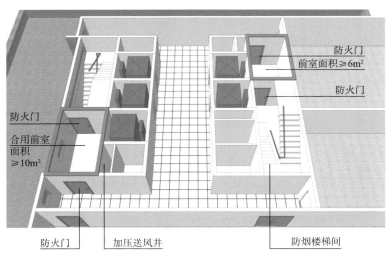

防火门
前室面积≥6m²
防火门

防火门
合用前室
面积
≥10m²

防火门　加压送风井　防烟楼梯间

非住宅建筑

7.1.8 图示 2

7　防烟楼梯间前室的使用面积，公共建筑、高层厂房、高层仓库、平时使用的人民防空工程及其他地下工程，不应小于 6.0m²；住宅建筑，不应小于 4.5m²。与消防电梯前室合用的前室的使用面积，公共建筑、高层厂房、高层仓库、平时使用的人民防空工程及其他地下工程，不应小于 10.0m²；住宅建筑，不应小于 6.0m²。

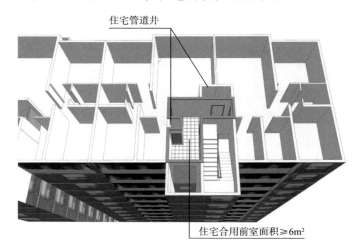

住宅管道井

住宅合用前室面积≥6m²

7.1.8 图示 3

8　疏散楼梯间及其前室上的开口与建筑外墙上的其他相邻开口最近边缘之间的水平距离不应小于 1.0m。当距离不符合要求时，应采取防止火势通过相邻开口蔓延的措施。

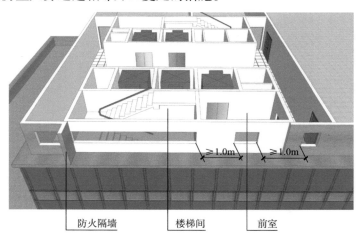

≥1.0m　　≥1.0m

防火隔墙　　楼梯间　　前室

7.1.8 图示 4

7.1.9　通向避难层的疏散楼梯应使人员在避难层处必须经过避难区上下。除通向避难层的疏散楼梯外，疏散楼梯（间）在各层的平面位置不应改变或应能使人员的疏散路线保持连续。

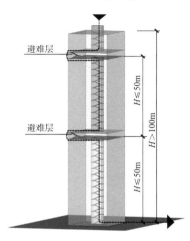

7.1.9 图示

7.1.10　除住宅建筑套内的自用楼梯外，建筑的地下或半地下室、平时使用的人民防空工程、其他地下工程的疏散楼梯间应符合下列规定：

　　1　当埋深不大于 10m 或层数不大于 2 层时，应为封闭楼梯间；

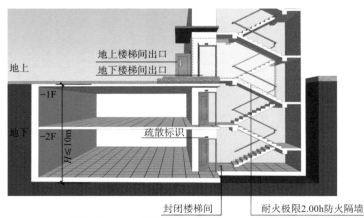

埋深不大于10m或层数不大于2层时，应为封闭楼梯间

7.1.10 图示 1

2 当埋深大于 10m 或层数不小于 3 层时，应为防烟楼梯间；

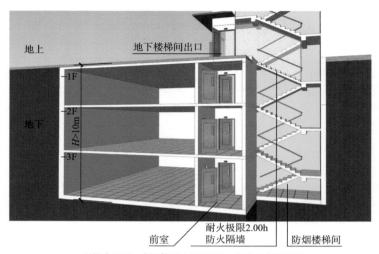

埋深大于10m或层数不小于3层时，应为防烟楼梯间

7.1.10 图示 2

3 地下楼层的疏散楼梯间与地上楼层的疏散楼梯间，应在直通室外地面的楼层采用耐火极限不低于 2.00h 且无开口的防火隔墙分隔；

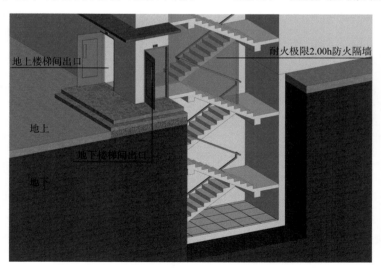

7.1.10 图示 3

4　在楼梯的各楼层入口处均应设置明显的标识。

7.1.11　室外疏散楼梯应符合下列规定：

1　室外疏散楼梯的栏杆扶手高度不应小于 1.10m，倾斜角度不应大于 45°；

2　除 3 层及 3 层以下建筑的室外疏散楼梯可采用难燃性材料或木结构外，室外疏散楼梯的梯段和平台均应采用不燃材料；

3　除疏散门外，楼梯周围 2.0m 内的墙面上不应设置其他开口，疏散门不应正对梯段。

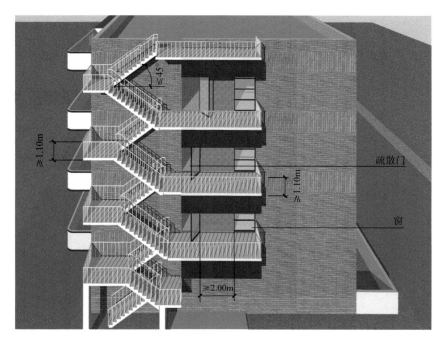

7.1.11 图示

7.1.12　火灾时用于辅助人员疏散的电梯及其设置应符合下列规定：

1　应具有在火灾时仅停靠特定楼层和首层的功能；

2　电梯附近的明显位置应设置标示电梯用途的标志和操作说明；

3　其他要求应符合本规范有关消防电梯的规定。

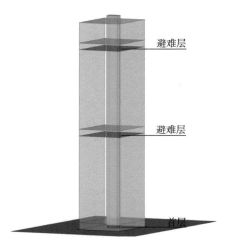

火灾停靠楼层

7.1.12 图示

7.1.13 设置在消防电梯或疏散楼梯间前室内的非消防电梯,防火性能不应低于消防电梯的防火性能。

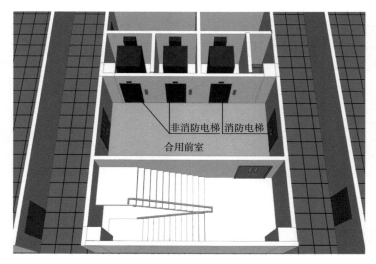

7.1.13 图示

7.1.14 建筑高度大于 100m 的工业与民用建筑应设置避难层,且第一个避难层的楼面至消防车登高操作场地地面的高度不应大于 50m。

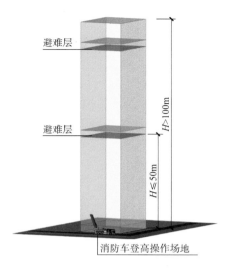

7.1.14 图示

7.1.15 避难层应符合下列规定：

1 避难区的净面积应满足该避难层与上一避难层之间所有楼层的全部使用人数避难的要求。

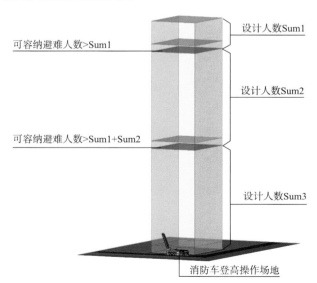

7.1.15 图示 1

2 除可布置设备用房外，避难层不应用于其他用途。设置在避难层内的可燃液体管道、可燃或助燃气体管道应集中布置，设备管道区应采用耐火极限不低于 3.00h 的防火隔墙与避难区及其他公共区分隔。管道井和设备间应采用耐火极限不低于 2.00h 的防火隔墙与避难区及其他公共区分隔。设备管道区、管道井和设备间与避难区或疏散走道连通时，应设置防火隔间，防火隔间的门应为甲级防火门。

3 避难层应设置消防电梯出口、消火栓、消防软管卷盘、灭火器、消防专线电话和应急广播。

4 在避难层进入楼梯间的入口处和疏散楼梯通向避难层的出口处，均应在明显位置设置标示避难层和楼层位置的灯光指示标识。

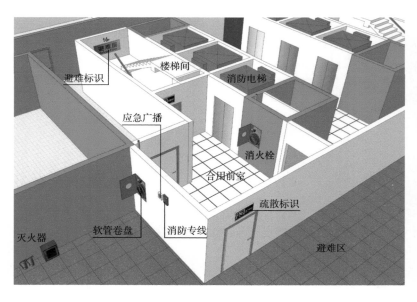

7.1.15 图示 2

5 避难区应采取防止火灾烟气进入或积聚的措施，并应设置可开启外窗。

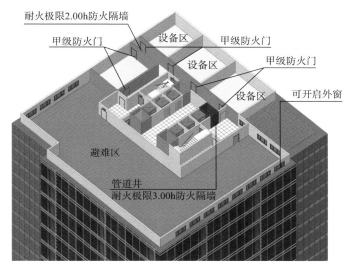

耐火极限2.00h防火隔墙

甲级防火门

设备区

甲级防火门

设备区

甲级防火门

设备区

可开启外窗

避难区

管道井
耐火极限3.00h防火隔墙

7.1.15 图示 3

6　避难区应至少有一边水平投影位于同一侧的消防车登高操作场地范围内。

7.1.16　避难间应符合下列规定：

1　避难区的净面积应满足避难间所在区域设计避难人数避难的要求；

2　避难间兼作其他用途时，应采取保证人员安全避难的措施；

3　避难间应靠近疏散楼梯间，不应在可燃物库房、锅炉房、发电机房、变配电站等火灾危险性大的场所的正下方、正上方或贴邻；

4　避难间应采用耐火极限不低于 2.00h 的防火隔墙和甲级防火门与其他部位分隔；

5　避难间应采取防止火灾烟气进入或积聚的措施，并应设置可开启外窗，除外窗和疏散门外，避难间不应设置其他开口；

6　避难间内不应敷设或穿过输送可燃液体、可燃或助燃气体的管道；

7　避难间内应设置消防软管卷盘、灭火器、消防专线电话和应急广播；

8　在避难间入口处的明显位置应设置标示避难间的灯光指示标识。

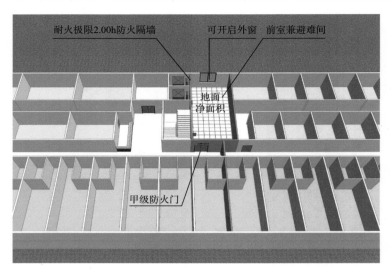

耐火极限2.00h防火隔墙　可开启外窗　前室兼避难间

地面净面积

甲级防火门

7.1.16 图示 1

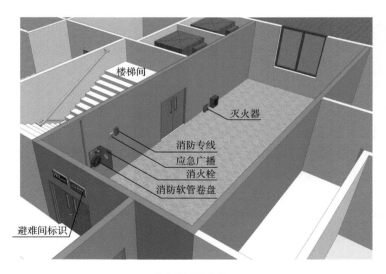

楼梯间

灭火器

消防专线
应急广播
消火栓
消防软管卷盘

避难间标识

7.1.16 图示 2

7.1.17　汽车库或修车库的室内疏散楼梯应符合下列规定：

1　建筑高度大于 32m 的高层汽车库，应为防烟楼梯间；

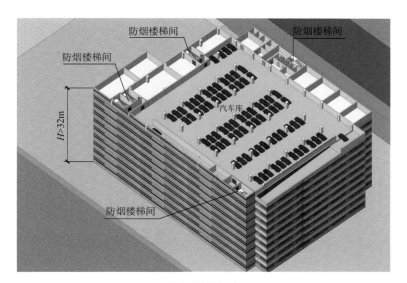

7.1.17 图示 1

2　建筑高度不大于 32m 的汽车库，应为封闭楼梯间；

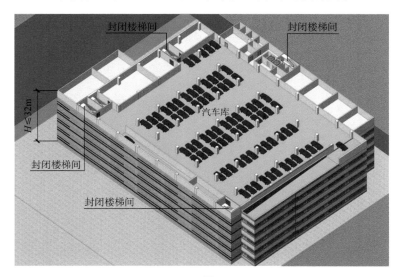

7.1.17 图示 2

3　地上修车库，应为封闭楼梯间；

4　地下、半地下汽车库，应符合本规范第 7.1.10 条的规定。

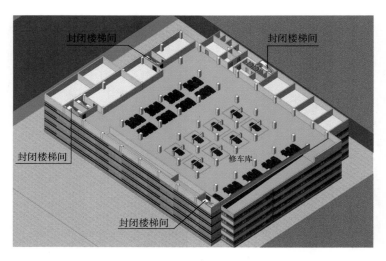

7.1.17 图示 3

7.1.18 汽车库内任一点至最近人员安全出口的疏散距离应符合下列规定:

1 单层汽车库、位于建筑首层的汽车库,无论汽车库是否设置自动灭火系统,均不应大于60m。

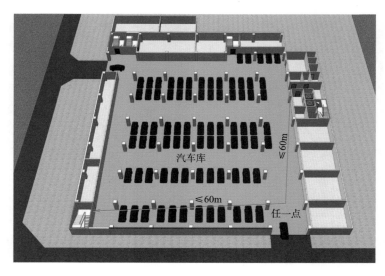

7.1.18 图示 1

2 其他汽车库，未设置自动灭火系统时，不应大于 45m；设置自动灭火系统时，不应大于 60m。

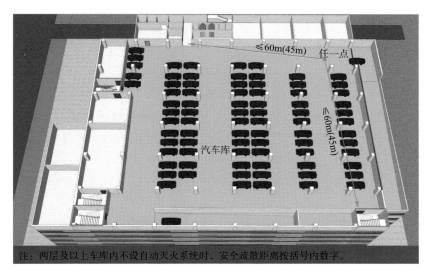

注：两层及以上车库内不设自动灭火系统时，安全疏散距离按括号内数字。

7.1.18 图示 2

7.2 工业建筑

7.2.1 厂房中符合下列条件的每个防火分区或一个防火分区的每个楼层，安全出口不应少于 2 个：

1 甲类地上生产场所，一个防火分区或楼层的建筑面积大于 100m² 或同一时间的使用人数大于 5 人；

2 乙类地上生产场所，一个防火分区或楼层的建筑面积大于 150m² 或同一时间的使用人数大于 10 人；

3 丙类地上生产场所，一个防火分区或楼层的建筑面积大于 250m² 或同一时间的使用人数大于 20 人；

4 丁、戊类地上生产场所，一个防火分区或楼层的建筑面积大于 400m² 或同一时间的使用人数大于 30 人；

5 丙类地下或半地下生产场所，一个防火分区或楼层的建筑面积大于 50m² 或同一时间的使用人数大于 15 人；

6 丁、戊类地下或半地下生产场所，一个防火分区或楼层的建筑面积大于 200m² 或同一时间的使用人数大于 15 人。

安全出口不应少于 2 个				
		甲类	乙类	丙类	丁、戊类
地上	建筑面积（m²）	＞100	＞150	＞250	＞400
	使用人数（人）	＞5	＞10	＞20	＞30
地下	建筑面积（m²）	—	—	＞50	＞200
	使用人数（人）	—	—	＞15	＞15

7.2.1 图示

7.2.2 高层厂房和甲、乙、丙类多层厂房的疏散楼梯应为封闭楼梯间或室外楼梯。建筑高度大于 32m 且任一层使用人数大于 10 人的厂房，疏散楼梯应为防烟楼梯间或室外楼梯。

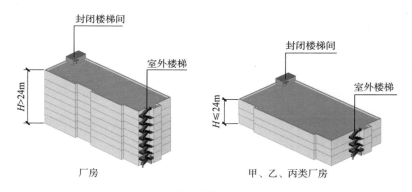

7.2.2 图示 1

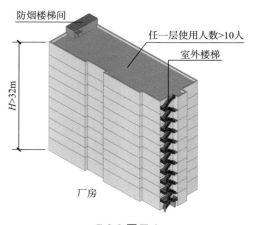

7.2.2 图示 2

7.2.3　占地面积大于 $300m^2$ 的地上仓库，安全出口不应少于 2 个；建筑面积大于 $100m^2$ 的地下或半地下仓库，安全出口不应少于 2 个。仓库内每个建筑面积大于 $100m^2$ 的房间的疏散出口不应少于 2 个。

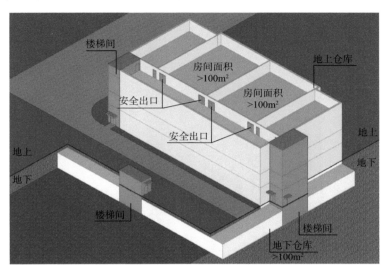

7.2.3 图示

7.2.4　高层仓库的疏散楼梯应为封闭楼梯间或室外楼梯。

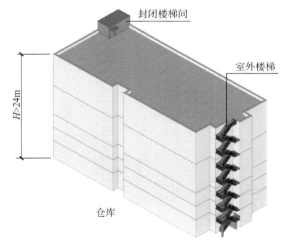

7.2.4 图示

7.3 住宅建筑

7.3.1 住宅建筑中符合下列条件之一的住宅单元，每层的安全出口不应少于 2 个：

  1 任一层建筑面积大于 650m² 的住宅单元；

  2 建筑高度大于 54m 的住宅单元；

7.3.1 图示 1

  3 建筑高度不大于 27m，但任一户门至最近安全出口的疏散距离大于 15m 的住宅单元；

  4 建筑高度大于 27m、不大于 54m，但任一户门至最近安全出口的疏散距离大于 10m 的住宅单元。

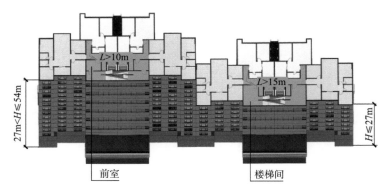

7.3.1 图示 2

7.3.2　住宅建筑的室内疏散楼梯应符合下列规定：

1　建筑高度不大于 21m 的住宅建筑，当户门的耐火完整性低于 1.00h 时，与电梯井相邻布置的疏散楼梯应为封闭楼梯间；

2　建筑高度大于 21m、不大于 33m 的住宅建筑，当户门的耐火完整性低于 1.00h 时，疏散楼梯应为封闭楼梯间；

3　建筑高度大于 33m 的住宅建筑,疏散楼梯应为防烟楼梯间,开向防烟楼梯间前室或合用前室的户门应为耐火性能不低于乙级的防火门；

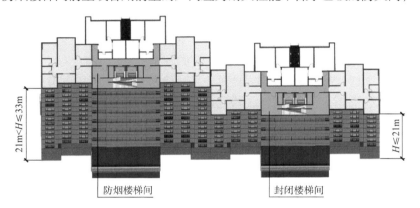

7.3.2 图示 1

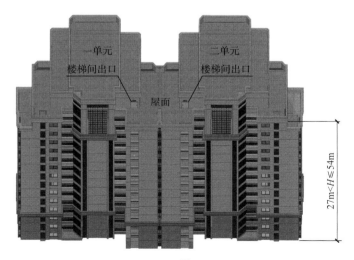

7.3.2 图示 2

4 建筑高度大于27m、不大于54m且每层仅设置1部疏散楼梯的住宅单元,户门的耐火完整性不应低于1.00h,疏散楼梯应通至屋面;

5 多个单元的住宅建筑中通至屋面的疏散楼梯应能通过屋面连通。

7.4 公共建筑

7.4.1 公共建筑内每个防火分区或一个防火分区的每个楼层的安全出口不应少于2个;仅设置1个安全出口或1部疏散楼梯的公共建筑应符合下列条件之一:

1 除托儿所、幼儿园外,建筑面积不大于200m²且人数不大于50人的单层公共建筑或多层公共建筑的首层;

2 除医疗建筑、老年人照料设施、儿童活动场所、歌舞娱乐放映游艺场所外,符合表7.4.1规定的公共建筑。

表7.4.1 仅设置1个安全出口或1部疏散楼梯的公共建筑

建筑的耐火 等级或类型	最多 层数	每层最大 建筑面积(m²)	人　数
一、二级	3层	200	第二、三层的人数之和不大于50人
三级、木结构建筑	3层	200	第二、三层的人数之和不大于25人
四级	2层	200	第二层人数不大于15人

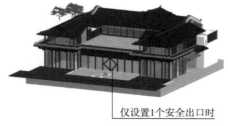

仅设置1个安全出口时

耐火等级一级/二级

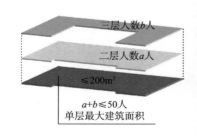

三层人数b人

二层人数a人

≤200m²

a+b≤50人
单层最大建筑面积

7.4.1 图示

7.4.2 公共建筑内每个房间的疏散门不应少于2个;儿童活动场所、

老年人照料设施中的老年人活动场所、医疗建筑中的治疗室和病房、教学建筑中的教学用房，当位于走道尽端时，疏散门不应少于 2 个；公共建筑内仅设置 1 个疏散门的房间应符合下列条件之一：

1　对于儿童活动场所、老年人照料设施中的老年人活动场所，房间位于两个安全出口之间或袋形走道两侧且建筑面积不大于 $50m^2$；

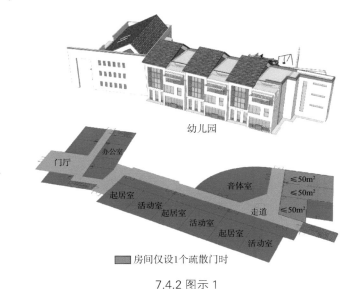

房间仅设1个疏散门时

7.4.2 图示 1

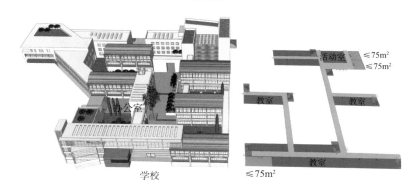

房间仅设1个疏散门时

7.4.2 图示 2

2 对于医疗建筑中的治疗室和病房、教学建筑中的教学用房，房间位于两个安全出口之间或袋形走道两侧且建筑面积不大于 75m²；

3 对于歌舞娱乐放映游艺场所，房间的建筑面积不大于 50m² 且经常停留人数不大于 15 人；

4 对于其他用途的场所，房间位于两个安全出口之间或袋形走道两侧且建筑面积不大于 120m²；

5 对于其他用途的场所，房间位于走道尽端且建筑面积不大于 50m²；

6 对于其他用途的场所，房间位于走道尽端且建筑面积不大于 200m²、房间内任一点至疏散门的直线距离不大于 15m、疏散门的净宽度不小于 1.40m。

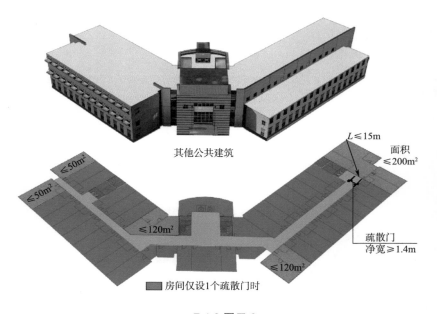

7.4.2 图示 3

7.4.3 位于高层建筑内的儿童活动场所，安全出口和疏散楼梯应独立设置。

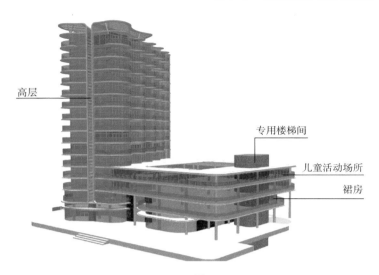

7.4.3 图示

7.4.4　下列公共建筑的室内疏散楼梯应为防烟楼梯间：

1　一类高层公共建筑；

2　建筑高度大于 32m 的二类高层公共建筑。

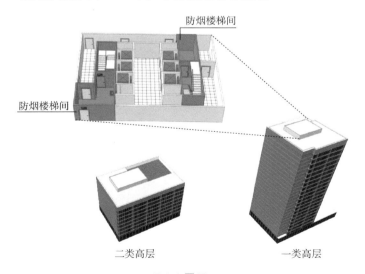

7.4.4 图示

7.4.5 下列公共建筑中与敞开式外廊不直接连通的室内疏散楼梯均应为封闭楼梯间：

    1 建筑高度不大于 32m 的二类高层公共建筑；

    2 多层医疗建筑、旅馆建筑、老年人照料设施及类似使用功能的建筑；

    3 设置歌舞娱乐放映游艺场所的多层建筑；

    4 多层商店建筑、图书馆、展览建筑、会议中心及类似使用功能的建筑；

    5 6 层及 6 层以上的其他多层公共建筑。

敞开式外廊　　　　　　　　　　　　　　封闭楼梯间

7.4.5 图示

7.4.6 剧场、电影院、礼堂和体育馆的观众厅或多功能厅的疏散门不应少于 2 个，且每个疏散门的平均疏散人数不应大于 250 人；当容纳人数大于 2000 人时，其超过 2000 人的部分，每个疏散门的平均疏散人数不应大于 400 人。

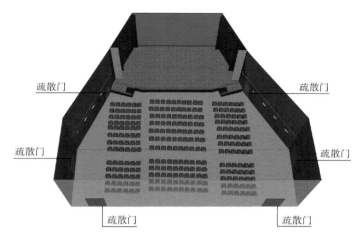

7.4.6 图示

7.4.7　除剧场、电影院、礼堂、体育馆外的其他公共建筑,疏散出口、疏散走道和疏散楼梯各自的总净宽度,应根据疏散人数和每 100 人所需最小疏散净宽度计算确定,并应符合下列规定:

　　1　疏散出口、疏散走道和疏散楼梯每 100 人所需最小疏散净宽度不应小于表 7.4.7 的规定值。

表 7.4.7　疏散出口、疏散走道和疏散楼梯每 100 人所需最小疏散净宽度(m/100 人)

建筑层数或埋深		建筑的耐火等级或类型		
		一、二级	三级、木结构建筑	四级
地上楼层	1 层~ 2 层	0.65	0.75	1.00
	3 层	0.75	1.00	—
	不小于 4 层	1.00	1.25	—
地下、半地下楼层	埋深不大于 10m	0.75	—	—
	埋深大于 10m	1.00	—	—
	歌舞娱乐放映游艺场所及其他人员密集的房间	1.00	—	—

2 除不用作其他楼层人员疏散并直通室外地面的外门总净宽度，可按本层的疏散人数计算确定外，首层外门的总净宽度应按该建筑疏散人数最大一层的人数计算确定。

3 歌舞娱乐放映游艺场所中录像厅的疏散人数，应根据录像厅的建筑面积按不小于 1.0 人 /m^2 计算；歌舞娱乐放映游艺场所中其他用途房间的疏散人数，应根据房间的建筑面积按不小于 0.5 人 /m^2 计算。

7.4.8 医疗建筑的避难间设置应符合下列规定：

1 高层病房楼应在第二层及以上的病房楼层和洁净手术部设置避难间；

2 楼地面距室外设计地面高度大于 24m 的洁净手术部及重症监护区，每个防火分区应至少设置 1 间避难间；

3 每间避难间服务的护理单元不应大于 2 个，每个护理单元的避难区净面积不应小于 25.0m^2；

4 避难间的其他防火要求，应符合本规范第 7.1.16 条的规定。

二层及以上设避难间

医院建筑

7.4.8 图示

7.5 其他工程

7.5.1 地铁车站中站台公共区至站厅公共区或其他安全区域的疏散

楼梯、自动扶梯和疏散通道的通过能力，应保证在远期或客流控制期中超高峰小时最大客流量时，一列进站列车所载乘客及站台上的候车乘客能在 4min 内全部撤离站台，并应能在 6min 内全部疏散至站厅公共区或其他安全区域。

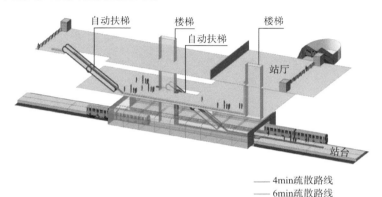

7.5.1 图示

7.5.2　地铁车站的安全出口应符合下列规定：

　　1　车站每个站厅公共区直通室外的安全出口不应少于 2 个；

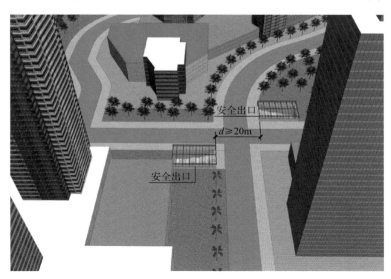

7.5.2 图示 1

2 地下一层与站厅公共区同层布置侧式站台的车站，每侧站台直通室外的安全出口不应少于 2 个；

3 位于站厅公共区同方向相邻两个安全出口之间的水平净距不应小于 20m；

4 设备区的安全出口应独立设置，有人值守的设备和管理用房区域的安全出口不应少于 2 个，其中有人值守的防火分区应至少有 1 个直通室外的安全出口。

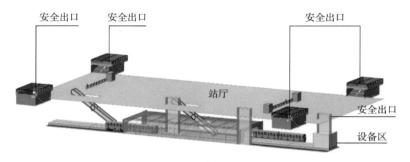

安全出口　　安全出口　　　　　　　　安全出口

站厅

安全出口

设备区

7.5.2 图示 2

7.5.3 两条单线载客运营地下区间之间应设置联络通道，载客运营地下区间内应设置纵向疏散平台。

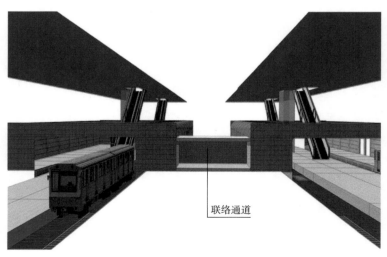

联络通道

7.5.3 图示

7.5.4　地铁工程中的出入口控制装置，应具有与火灾自动报警系统联动控制自动释放和断电自动释放的功能，并应能在车站控制室或消防控制室内手动远程控制。

7.5.5　城市综合管廊工程的每个舱室均应设置人员逃生口和消防救援出入口。人员逃生口和消防救援出入口的尺寸应方便人员进出，其间距应根据电力电缆、热力管道、燃气管道的敷设情况，管廊通风与消防救援等需要综合确定。

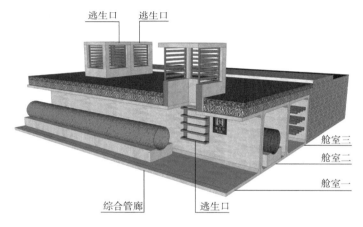

7.5.5 图示

<table>
<tr><td>第
8
章</td><td></td></tr>
</table>

第8章 消防设施

8.1 消防给水和灭火设施

8.1.1 建筑应设置与其建筑高度（埋深），体积、面积、长度，火灾危险性，建筑附近的消防力量布置情况，环境条件等相适应的消防给水设施、灭火设施和器材。除地铁区间、综合管廊的燃气舱和住宅建筑套内可不配置灭火器外，建筑内应配置灭火器。

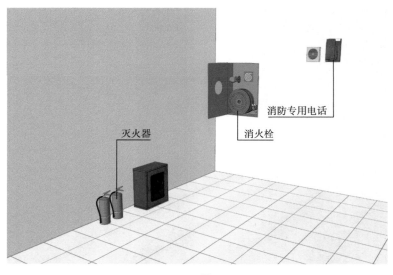

灭火器

消防专用电话

消火栓

8.1.1 图示

8.1.2 建筑中设置的消防设施与器材应与所设置场所的火灾危险性、可燃物的燃烧特性、环境条件、设置场所的面积和空间净高、使用人员特征、防护对象的重要性和防护目标等相适应，满足设置场所灭火、控火、早期报警、防烟、排烟、排热等需要，并应有利于人员安全疏散和消防救援。

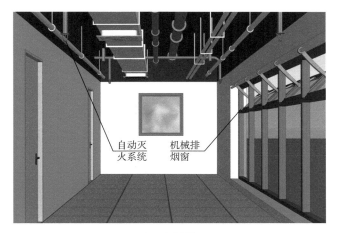

8.1.2 图示

8.1.3 设置在建筑内的固定灭火设施应符合下列规定:

1 灭火剂应适用于扑救设置场所或保护对象的火灾类型,不应用于扑救遇灭火介质会发生化学反应而引起燃烧、爆炸等物质的火灾;

2 灭火设施应满足在正常使用环境条件下安全、可靠运行的要求;

3 灭火剂储存间的环境温度应满足灭火剂储存装置安全运行和灭火剂安全储存的要求。

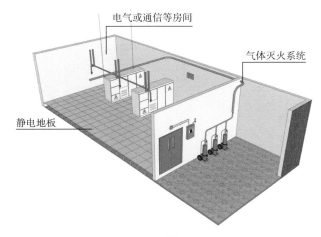

8.1.3 图示

8.1.4 除居住人数不大于500人且建筑层数不大于2层的居住区外，城镇（包括居住区、商业区、开发区、工业区等）应沿可通行消防车的街道设置市政消火栓系统。

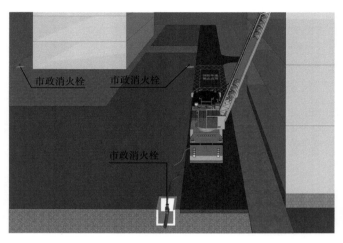

8.1.4 图示

8.1.5 除城市轨道交通工程的地上区间和一、二级耐火等级且建筑体积不大于3000m²的戊类厂房可不设置室外消火栓外，下列建筑或场所应设置室外消火栓系统：

　　1 建筑占地面积大于300m²的厂房、仓库和民用建筑；

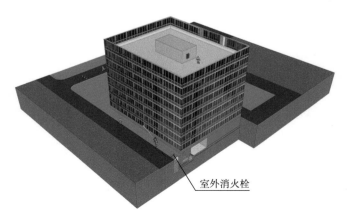

8.1.5 图示

2 用于消防救援和消防车停靠的建筑屋面或高架桥；

3 地铁车站及其附属建筑、车辆基地。

8.1.6 除四类城市交通隧道、供人员或非机动车辆通行的三类城市交通隧道可不设置消防给水系统外，城市交通隧道应设置消防给水系统。

隧道消火栓

8.1.6 图示

8.1.7 除不适合用水保护或灭火的场所、远离城镇且无人值守的独立建筑、散装粮食仓库、金库可不设置室内消火栓系统外，下列建筑应设置室内消火栓系统：

1 建筑占地面积大于 300m² 的甲、乙、丙类厂房；

2 建筑占地面积大于 300m² 的甲、乙、丙类仓库；

3 高层公共建筑，建筑高度大于 21m 的住宅建筑；

4 特等和甲等剧场，座位数大于 800 个的乙等剧场，座位数大于 800 个的电影院，座位数大于 1200 个的礼堂，座位数大于 1200 个的体育馆等建筑；

5 建筑体积大于 5000m³ 的下列单、多层建筑：车站、码头、机场的候车（船、机）建筑，展览、商店、旅馆和医疗建筑，老年人照料设施，档案馆，图书馆；

6 建筑高度大于 15m 或建筑体积大于 10000m³ 的办公建筑、教学建筑及其他单、多层民用建筑；

7 建筑面积大于 300m² 的汽车库和修车库；

8 建筑面积大于 300m² 且平时使用的人民防空工程；

9 地铁工程中的地下区间、控制中心、车站及长度大于 30m 的人行通道，车辆基地内建筑面积大于 300m² 的建筑；

10 通行机动车的一、二、三类城市交通隧道。

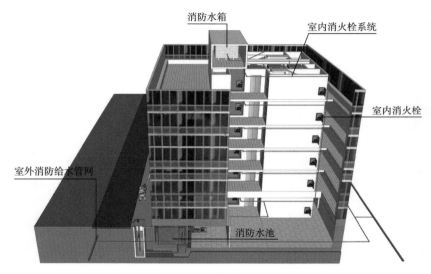

8.1.7 图示

8.1.8 除散装粮食仓库可不设置自动灭火系统外，下列厂房或生产部位、仓库应设置自动灭火系统：

1 地上不小于 50000 纱锭的棉纺厂房中的开包、清花车间，不小于 5000 锭的麻纺厂房中的分级、梳麻车间，火柴厂的烤梗、筛选部位；

2 地上占地面积大于 1500m² 或总建筑面积大于 3000m² 的单、多层制鞋、制衣、玩具及电子等类似用途的厂房；

3 占地面积大于 1500m² 的地上木器厂房；

4 泡沫塑料厂的预发、成型、切片、压花部位；

5 除本条第 1 款～第 4 款规定外的其他乙、丙类高层厂房；

6 建筑面积大于 500m² 的地下或半地下丙类生产场所；

7 除占地面积不大于 2000m² 的单层棉花仓库外，每座占地面积大于 1000m² 的棉、毛、丝、麻、化纤、毛皮及其制品的地上仓库；

8 每座占地面积大于 600m² 的地上火柴仓库；

9 邮政建筑内建筑面积大于 500m² 的地上空邮袋库；

10 设计温度高于 0℃的地上高架冷库，设计温度高于 0℃且每个防火分区建筑面积大于 1500m² 的地上非高架冷库；

11 除本条第 7 款～第 10 款规定外，其他每座占地面积大于 1500m² 或总建筑面积大于 3000m² 的单、多层丙类仓库；

12 除本条第 7 款～第 11 款规定外，其他丙、丁类地上高架仓库，丙、丁类高层仓库；

13 地下或半地下总建筑面积大于 500m² 的丙类仓库。

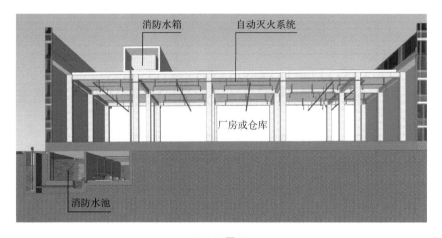

8.1.8 图示

8.1.9 除建筑内的游泳池、浴池、溜冰场可不设置自动灭火系统外，下列民用建筑、场所和平时使用的人民防空工程应设置自动灭火系统：

1 一类高层公共建筑及其地下、半地下室；

2 二类高层公共建筑及其地下、半地下室中的公共活动用房、走道、办公室、旅馆的客房、可燃物品库房；

3 建筑高度大于 100m 的住宅建筑；

4 特等和甲等剧场，座位数大于 1500 个的乙等剧场，座位数大于 2000 个的会堂或礼堂，座位数大于 3000 个的体育馆，座位数大于 5000 个的体育场的室内人员休息室与器材间等；

5 任一层建筑面积大于 1500m² 或总建筑面积大于 3000m² 的单、多层展览建筑、商店建筑、餐饮建筑和旅馆建筑；

6 中型和大型幼儿园，老年人照料设施，任一层建筑面积大于 1500m² 或总建筑面积大于 3000m² 的单、多层病房楼、门诊楼和手术部；

7 除本条上述规定外，设置具有送回风道（管）系统的集中空气调节系统且总建筑面积大于 3000m² 的其他单、多层公共建筑；

8 总建筑面积大于 500m² 的地下或半地下商店；

9 设置在地下或半地下、多层建筑的地上第四层及以上楼层、高层民用建筑内的歌舞娱乐放映游艺场所，设置在多层建筑第一层至第三层且楼层建筑面积大于 300m² 的地上歌舞娱乐放映游艺场所；

10 位于地下或半地下且座位数大于 800 个的电影院、剧场或礼堂的观众厅；

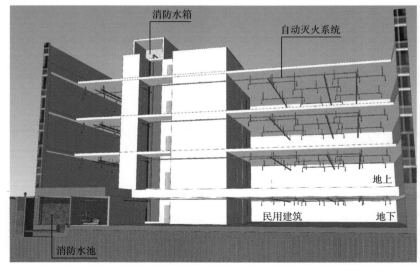

8.1.9 图示

11 建筑面积大于 1000m² 且平时使用的人民防空工程。

8.1.10 除敞开式汽车库可不设置自动灭火设施外，Ⅰ、Ⅱ、Ⅲ类地上汽车库，停车数大于10辆的地下或半地下汽车库，机械式汽车库，采用汽车专用升降机作汽车疏散出口的汽车库，Ⅰ类的机动车修车库均应设自动灭火系统。

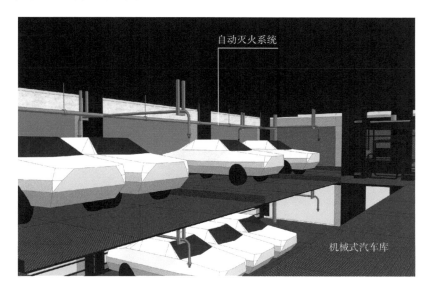

8.1.10 图示

8.1.11 下列建筑或部位应设置雨淋灭火系统：

1 火柴厂的氯酸钾压碾车间；

2 建筑面积大于100m²且生产或使用硝化棉、喷漆棉、火胶棉、赛璐珞胶片、硝化纤维的场所；

3 乒乓球厂的轧坯、切片、磨球、分球检验部位；

4 建筑面积大于60m²或储存量大于2t的硝化棉、喷漆棉、火胶棉、赛璐珞胶片、硝化纤维库房；

5 日装瓶数量大于3000瓶的液化石油气储配站的灌瓶间、实瓶库；

6 特等和甲等剧场的舞台葡萄架下部，座位数大于1500个的乙等剧场的舞台葡萄架下部，座位数大于2000个的会堂或礼堂的舞台葡萄架下部；

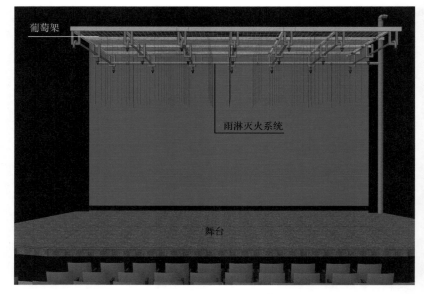

8.1.11 图示

7 建筑面积大于或等于 400m² 的演播室,建筑面积大于或等于 500m² 的电影摄影棚。

8.1.12 下列建筑应设置与室内消火栓等水灭火系统供水管网直接连接的消防水泵接合器,且消防水泵接合器应位于室外便于消防车向室内消防给水管网安全供水的位置:

    1 设置自动喷水、水喷雾、泡沫或固定消防炮灭火系统的建筑;

    2 6 层及以上并设置室内消火栓系统的民用建筑;

    3 5 层及以上并设置室内消火栓系统的厂房;

    4 5 层及以上并设置室内消火栓系统的仓库;

    5 室内消火栓设计流量大于 10L/s 且平时使用的人民防空工程;

    6 地铁工程中设置室内消火栓系统的建筑或场所;

    7 设置室内消火栓系统的交通隧道;

    8 设置室内消火栓系统的地下、半地下汽车库和 5 层及以上的汽车库;

    9 设置室内消火栓系统,建筑面积大于 10000m² 或 3 层及以上的其他地下、半地下建筑(室)。

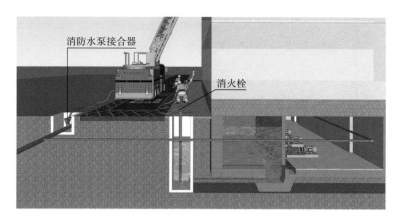

8.1.12 图示

8.2　防烟与排烟

8.2.1　下列部位应采取防烟措施：

1　封闭楼梯间；

2　防烟楼梯间及其前室；

3　消防电梯的前室或合用前室；

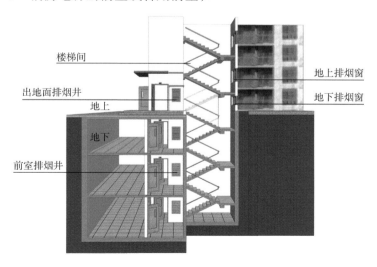

8.2.1 图示

4　避难层、避难间；

5 避难走道的前室，地铁工程中的避难走道。

8.2.2 除不适合设置排烟设施的场所、火灾发展缓慢的场所可不设置排烟设施外，工业与民用建筑的下列场所或部位应采取排烟等烟气控制措施：

1 建筑面积大于 300m² ，且经常有人停留或可燃物较多的地上丙类生产场所，丙类厂房内建筑面积大于 300m² ，且经常有人停留或可燃物较多的地上房间；

2 建筑面积大于 100m² 的地下或半地下丙类生产场所；

3 除高温生产工艺的丁类厂房外，其他建筑面积大于 5000m² 的地上丁类生产场所；

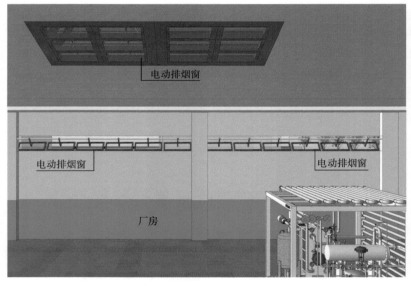

8.2.2 图示

4 建筑面积大于 1000m² 的地下或半地下丁类生产场所；

5 建筑面积大于 300m² 的地上丙类库房；

6 设置在地下或半地下、地上第四层及以上楼层的歌舞娱乐放映游艺场所，设置在其他楼层且房间总建筑面积大于 100m² 的歌舞娱乐放映游艺场所；

7 公共建筑内建筑面积大于 100m² 且经常有人停留的房间；

8　公共建筑内建筑面积大于 300m² 且可燃物较多的房间；

9　中庭；

10　建筑高度大于 32m 的厂房或仓库内长度大于 20m 的疏散走道，其他厂房或仓库内长度大于 40m 的疏散走道，民用建筑内长度大于 20m 的疏散走道。

8.2.3　除敞开式汽车库、地下一层中建筑面积小于 1000m² 的汽车库、地下一层中建筑面积小于 1000m² 的修车库可不设置排烟设施外，其他汽车库、修车库应设置排烟设施。

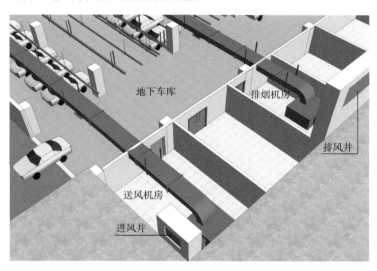

8.2.3 图示

8.2.4　通行机动车的一、二、三类城市交通隧道内应设置排烟设施。

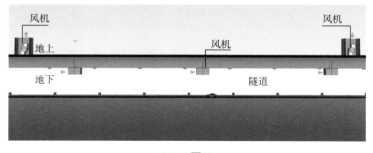

8.2.4 图示

8.2.5 建筑中下列经常有人停留或可燃物较多且无可开启外窗的房间或区域应设置排烟设施：

1 建筑面积大于 $50m^2$ 的房间；

2 房间的建筑面积不大于 $50m^2$，总建筑面积大于 $200m^2$ 的区域。

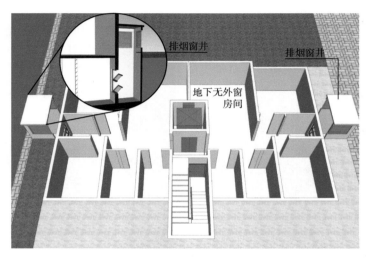

8.2.5 图示

8.3 火灾自动报警系统

8.3.1 除散装粮食仓库、原煤仓库可不设置火灾自动报警系统外，下列工业建筑或场所应设置火灾自动报警系统：

1 丙类高层厂房；

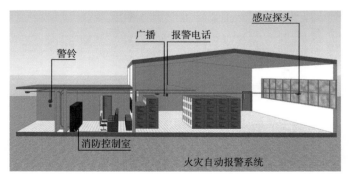

8.3.1 图示

2 地下、半地下且建筑面积大于 1000m² 的丙类生产场所；

3 地下、半地下且建筑面积大于 1000m² 的丙类仓库；

4 丙类高层仓库或丙类高架仓库。

8.3.2 下列民用建筑或场所应设置火灾自动报警系统：

1 商店建筑、展览建筑、财贸金融建筑、客运和货运建筑等类似用途的建筑；

2 旅馆建筑；

3 建筑高度大于 100m 的住宅建筑；

4 图书或文物的珍藏库，每座藏书超过 50 万册的图书馆，重要的档案馆；

5 地市级及以上广播电视建筑、邮政建筑、电信建筑，城市或区域性电力、交通和防灾等指挥调度建筑；

6 特等、甲等剧场，座位数超过 1500 个的其他等级的剧场或电影院，座位数超过 2000 个的会堂或礼堂，座位数超过 3000 个的体育馆；

7 疗养院的病房楼，床位数不少于 100 张的医院的门诊楼、病房楼、手术部等；

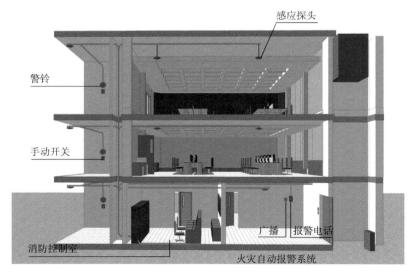

8.3.2 图示

8 托儿所、幼儿园，老年人照料设施，任一层建筑面积大于 $500m^2$ 或总建筑面积大于 $1000m^2$ 的其他儿童活动场所；

9 歌舞娱乐放映游艺场所；

10 其他二类高层公共建筑内建筑面积大于 $50m^2$ 的可燃物品库房和建筑面积大于 $500m^2$ 的商店营业厅，以及其他一类高层公共建筑。

8.3.3 除住宅建筑的燃气用气部位外，建筑内可能散发可燃气体、可燃蒸气的场所应设置可燃气体探测报警装置。

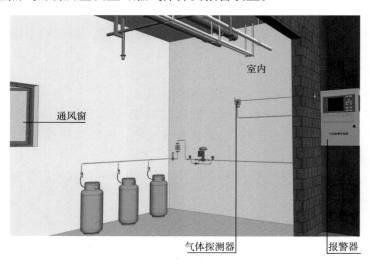

通风窗

室内

气体探测器

报警器

8.3.3 图示

第9章

供暖、通风和空气调节系统

9.1 一般规定

9.1.1 除有特殊功能或性能要求的场所外，下列场所的空气不应循环使用：

    1 甲、乙类生产场所；

    2 甲、乙类物质储存场所；

    3 产生燃烧或爆炸危险性粉尘、纤维且所排除空气的含尘浓度不小于其爆炸下限 25% 的丙类生产或储存场所；

    4 产生易燃易爆气体或蒸气且所排除空气的含气体浓度不小于其爆炸下限值 10% 的其他场所；

    5 其他具有甲、乙类火灾危险性的房间。

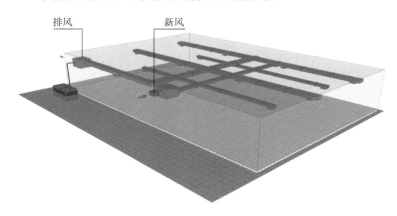

9.1.1 图示

9.1.2 甲、乙类生产场所的送风设备，不应与排风设备设置在同一通风机房内。用于排除甲、乙类物质的排风设备，不应与其他房间的非防爆送、排风设备设置在同一通风机房内。

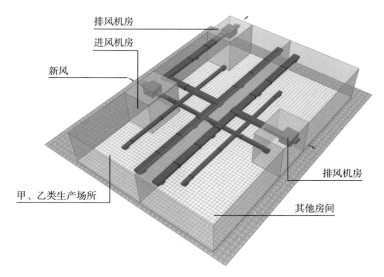

9.1.2 图示

9.1.3 排除有燃烧或爆炸危险性物质的风管，不应穿过防火墙，或爆炸危险性房间、人员聚集的房间、可燃物较多的房间的隔墙。

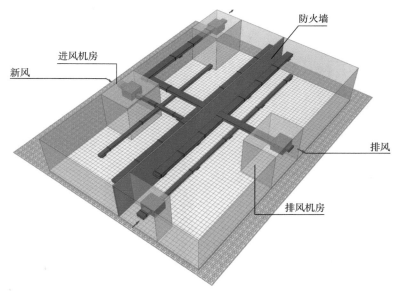

9.1.3 图示

9.2 供暖系统

9.2.1 甲、乙类火灾危险性场所内不应采用明火、燃气红外线辐射供暖。存在粉尘爆炸危险性的场所内不应采用电热散热器供暖。在储存或产生可燃气体或蒸气的场所内使用的电热散热器及其连接器，应具备相应的防爆性能。

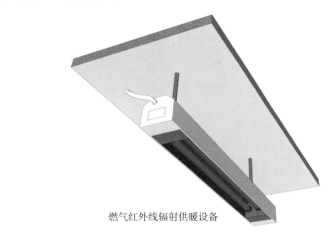

燃气红外线辐射供暖设备

9.2.1 图示 1

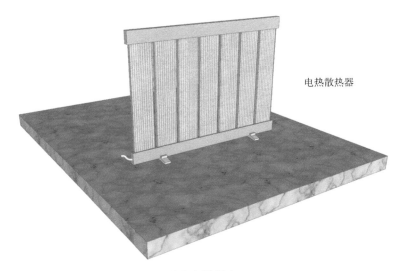

电热散热器

9.2.1 图示 2

9.2.2 下列场所应采用不循环使用的热风供暖：

1 生产过程中散发的可燃气体、蒸气、粉尘或纤维，与供暖管道、散热器表面接触能引起燃烧的场所；

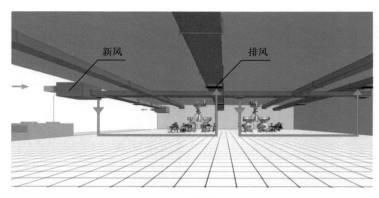

9.2.2 图示

2 生产过程中散发的粉尘受到水、水蒸气作用能引起自燃、爆炸或产生爆炸性气体的场所。

9.2.3 采用燃气红外线辐射供暖的场所，应采取防火和通风换气等安全措施。

9.2.3 图示

9.3 通风和空气调节系统

9.3.1 下列场所应设置通风换气设施：

    1 甲、乙类生产场所；

    2 甲、乙类物质储存场所；

    3 空气中含有燃烧或爆炸危险性粉尘、纤维的丙类生产或储存场所；

    4 空气中含有易燃易爆气体或蒸气的其他场所；

    5 其他具有甲、乙类火灾危险性的房间。

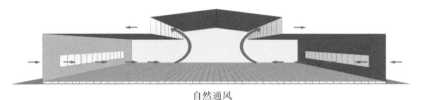

自然通风

9.3.1 图示 1

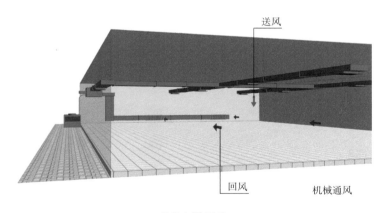

送风

回风　　　　机械通风

9.3.1 图示 2

9.3.2 下列通风系统应单独设置：

    1 甲、乙类生产场所中不同防火分区的通风系统；

    2 甲、乙类物质储存场所中不同防火分区的通风系统；

    3 排除的不同有害物质混合后能引起燃烧或爆炸的通风系统；

    4 除本条第1款、第2款规定外，其他建筑中排除有燃烧或爆炸危险性气体、蒸气、粉尘、纤维的通风系统。

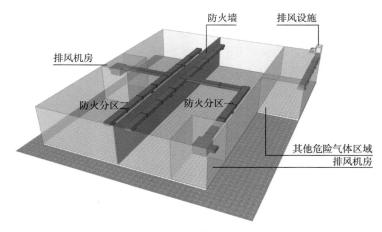

9.3.2 图示

9.3.3 排除有燃烧或爆炸危险性气体、蒸气或粉尘的排风系统应符合下列规定:

1 应采取静电导除等静电防护措施;

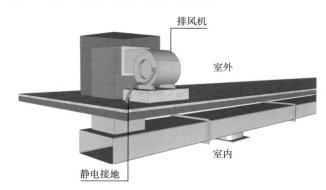

9.3.3 图示

2 排风设备不应设置在地下或半地下;

3 排风管道应具有不易积聚静电的性能,所排除的空气应直接通向室外安全地点。

第10章

电 气

10.1 消防电气

10.1.1 建筑高度大于 150m 的工业与民用建筑的消防用电应符合下列规定：

1 应按特级负荷供电；

2 应急电源的消防供电回路应采用专用线路连接至专用母线段；

3 消防用电设备的供电电源干线应有两个路由。

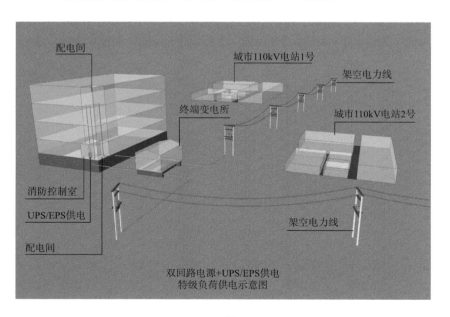

双回路电源+UPS/EPS供电
特级负荷供电示意图

10.1.1 图示 1

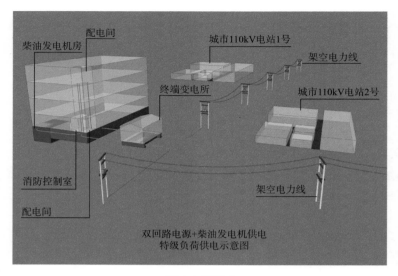

10.1.1 图示 2

10.1.2 除筒仓、散装粮食仓库及工作塔外，下列建筑的消防用电负荷等级不应低于一级：

1 建筑高度大于 50m 的乙、丙类厂房；

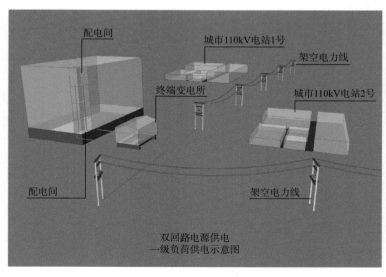

10.1.2 图示 1

2　建筑高度大于 50m 的丙类仓库；

3　一类高层民用建筑；

4　二层式、二层半式和多层式民用机场航站楼；

5　Ⅰ类汽车库；

6　建筑面积大于 5000m² 且平时使用的人民防空工程；

7　地铁工程；

8　一、二类城市交通隧道。

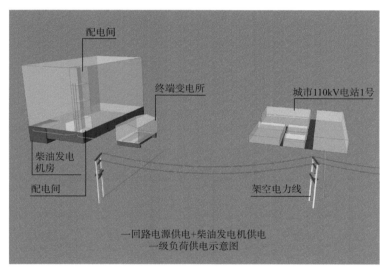

10.1.2 图示 2

10.1.3　下列建筑的消防用电负荷等级不应低于二级：

1　室外消防用水量大于 30L/s 的厂房；

2　室外消防用水量大于 30L/s 的仓库；

3　座位数大于 1500 个的电影院或剧场，座位数大于 3000 个的体育馆；

4　任一层建筑面积大于 3000m² 的商店和展览建筑；

5　省（市）级及以上的广播电视、电信和财贸金融建筑；

6　总建筑面积大于 3000m² 的地下、半地下商业设施；

7　民用机场航站楼；

8　Ⅱ类、Ⅲ类汽车库和Ⅰ类修车库；

9 本条上述规定外的其他二类高层民用建筑；

10 本条上述规定外的室外消防用水量大于 25L/s 的其他公共建筑；

11 水利工程，水电工程；

12 三类城市交通隧道。

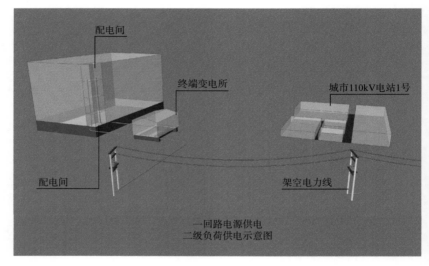

10.1.3 图示

10.1.4 建筑内消防应急照明和灯光疏散指示标志的备用电源的连续供电时间应满足人员安全疏散的要求，且不应小于表 10.1.4 的规定值。

表 10.1.4 建筑内消防应急照明和灯光疏散指示标志的备用电源的连续供电时间

建筑类别	连续供电时间（h）
建筑高度大于 100m 的民用建筑	1.5
建筑高度不大于 100m 的医疗建筑，老年人照料设施，总建筑面积大于 100000m² 的其他公共建筑	1.0
水利工程，水电工程，总建筑面积大于 20000m² 的地下或半地下建筑	1.0

建筑类别		连续供电时间（h）
城市轨道交通工程	区间和地下车站	1.0
	地上车站、车辆基地	0.5
城市交通隧道	一、二类	1.5
	三类	1.0
城市综合管廊工程，平时使用的人民防空工程，除上述规定外的其他建筑		0.5

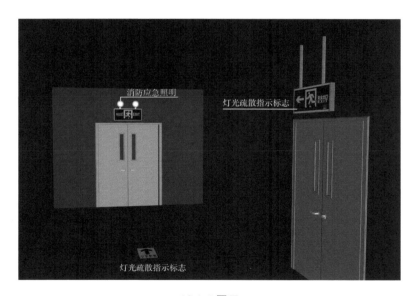

10.1.4 图示

10.1.5　建筑内的消防用电设备应采用专用的供电回路，当其中的生产、生活用电被切断时，应仍能保证消防用电设备的用电需要。除三级消防用电负荷外，消防用电设备的备用消防电源的供电时间和容量，应能满足该建筑火灾延续时间内消防用电设备的持续用电要求。不同建筑的设计火灾延续时间不应小于表 10.1.5 的规定。

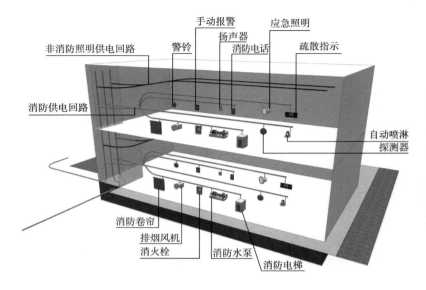

非消防照明供电回路　警铃　手动报警　扬声器　消防电话　应急照明　疏散指示

消防供电回路

自动喷淋
探测器

消防卷帘
排烟风机
消火栓　消防水泵　消防电梯

10.1.5 图示

表 10.1.5　不同建筑的设计火灾延续时间

建筑类别	具体类型	设计火灾延续时间（h）
仓库	甲、乙、丙类仓库	3.0
	丁、戊类仓库	2.0
厂房	甲、乙、丙类厂房	3.0
	丁、戊类厂房	2.0
公共建筑	一类高层建筑、建筑体积大于 $100000m^3$ 的公共建筑	3.0
	其他公共建筑	2.0
住宅建筑	一类高层住宅建筑	2.0
	其他住宅建筑	1.0
平时使用的人民防空工程	总建筑面积不大于 $3000m^2$	1.0
	总建筑面积大于 $3000m^2$	2.0

续表

建筑类别	具体类型	设计火灾延续时间（h）
城市交通隧道	一、二类	3.0
	三类	2.0
城市轨道交通工程	—	2.0

10.1.6　除按照三级负荷供电的消防用电设备外，消防控制室、消防水泵房的消防用电设备及消防电梯等的供电，应在其配电线路的最末一级配电箱内设置自动切换装置。防烟和排烟风机房的消防用电设备的供电，应在其配电线路的最末一级配电箱内或所在防火分区的配电箱内设置自动切换装置。防火卷帘、电动排烟窗、消防潜污泵、消防应急照明和疏散指示标志等的供电，应在所在防火分区的配电箱内设置自动切换装置。

电源　　　　一级–总箱　　　一级–分箱　　　一级–开关箱　　　设备

10.1.6 图示

10.1.7　消防配电线路的设计和敷设，应满足在建筑的设计火灾延续时间内为消防用电设备连续供电的需要。

10.1.8　除筒仓、散装粮食仓库和火灾发展缓慢的场所外，下列建筑应设置灯光疏散指示标志，疏散指示标志及其设置间距、照度应保证疏散路线指示明确、方向指示正确清晰、视觉连续：

　1　甲、乙、丙类厂房，高层丁、戊类厂房；

　2　丙类仓库，高层仓库；

3 公共建筑；

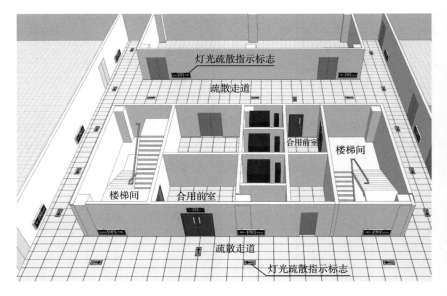

10.1.8 图示

4 建筑高度大于 27m 的住宅建筑；

5 除室内无车道且无人员停留的汽车库外的其他汽车库和修车库；

6 平时使用的人民防空工程；

7 地铁工程中的车站、换乘通道或连接通道、车辆基地、地下区间内的纵向疏散平台；

8 城市交通隧道、城市综合管廊；

9 城市的地下人行通道；

10 其他地下或半地下建筑。

10.1.9 除筒仓、散装粮食仓库和火灾发展缓慢的场所外，厂房、丙类仓库、民用建筑、平时使用的人民防空工程等建筑中的下列部位应设置疏散照明：

1 安全出口、疏散楼梯（间）、疏散楼梯间的前室或合用前室、避难走道及其前室、避难层、避难间、消防专用通道、兼作人员疏散的天桥和连廊；

2 观众厅、展览厅、多功能厅及其疏散口；

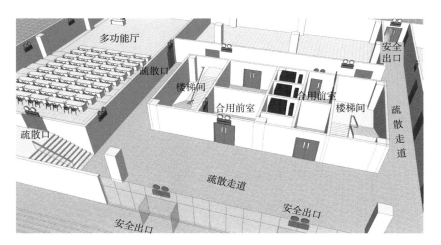

名 消防疏散照明

10.1.9 图示

3 建筑面积大于 200m² 的营业厅、餐厅、演播室、售票厅、候车（机、船）厅等人员密集的场所及其疏散口；

4 建筑面积大于 100m² 的地下或半地下公共活动场所；

5 地铁工程中的车站公共区，自动扶梯、自动人行道，楼梯，连接通道或换乘通道，车辆基地，地下区间内的纵向疏散平台；

6 城市交通隧道两侧，人行横通道或人行疏散通道；

7 城市综合管廊的人行道及人员出入口；

8 城市地下人行通道。

10.1.10 建筑内疏散照明的地面最低水平照度应符合下列规定：

1 疏散楼梯间、疏散楼梯间的前室或合用前室、避难走道及其前室、避难层、避难间、消防专用通道，不应低于 10.0lx；

2 疏散走道、人员密集的场所，不应低于 3.0lx；

3 本条上述规定场所外的其他场所，不应低于 1.0lx。

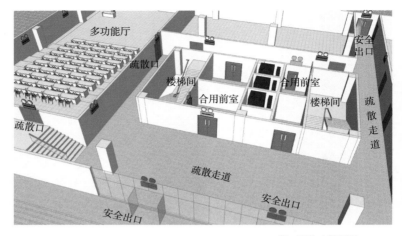

☰ 消防疏散照明3.0lx

☰ 消防疏散照明10.0lx

10.1.10 图示

10.1.11 消防控制室、消防水泵房、自备发电机房、配电室、防排烟机房以及发生火灾时仍需正常工作的消防设备房应设置备用照明，其作业面的最低照度不应低于正常照明的照度。

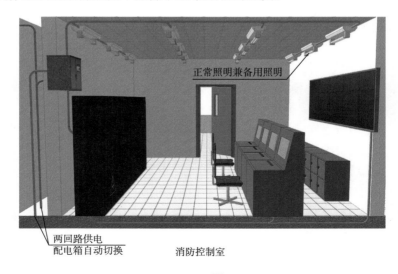

正常照明兼备用照明

两回路供电
配电箱自动切换

消防控制室

10.1.11 图示

10.1.12　可能处于潮湿环境内的消防电气设备，外壳的防尘与防水等级应符合下列规定：

　　1　对于交通隧道，不应低于 IP55；

　　2　对于城市综合管廊及其他潮湿环境，不应低于 IP45。

10.2　非消防电气线路与设备

10.2.1　空气调节系统的电加热器应与送风机连锁，并应具有无风断电、超温断电保护装置。

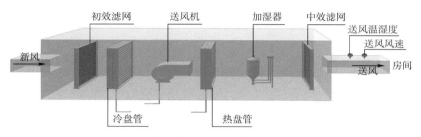

新风空调系统送风示意图

10.2.1 图示

10.2.2　地铁工程中的地下电力电缆和数据通信线缆、城市综合管廊工程中的电力电缆，应采用燃烧性能不低于 B_1 级的电缆或阻燃型电线。

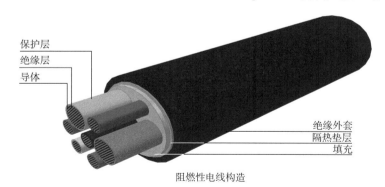

阻燃性电线构造

10.2.2 图示

10.2.3　电气线路的敷设应符合下列规定：

　　1　电气线路敷设应避开炉灶、烟囱等高温部位及其他可能受高温作业影响的部位，不应直接敷设在可燃物上；

2 室内明敷的电气线路，在有可燃物的吊顶或难燃性、可燃性墙体内敷设的电气线路，应具有相应的防火性能或防火保护措施；

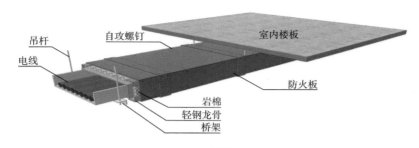

10.2.3 图示 1

3 室外电缆沟或电缆隧道在进入建筑、工程或变电站处应采取防火分隔措施，防火分隔部位的耐火极限不应低于 2.00h，门应采用甲级防火门。

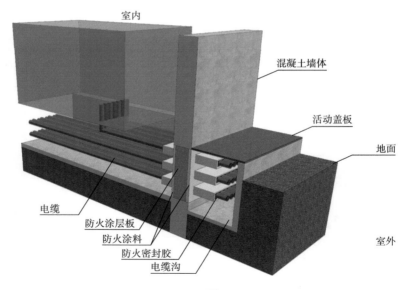

10.2.3 图示 2

10.2.4 城市交通隧道内的供电线路应与其他管道分开敷设，在隧道内借道敷设的 10kV 及以上的高压电缆应采用耐火极限不低于 2.00h 的耐火结构与隧道内的其他区域分隔。

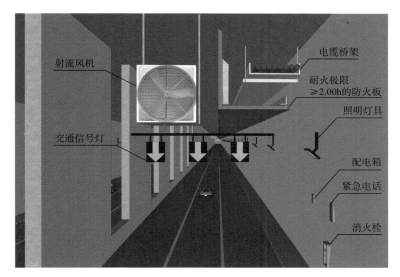

射流风机

电缆桥架

耐火极限
≥2.00h的防火板

照明灯具

交通信号灯

配电箱

紧急电话

消火栓

10.2.4 图示

10.2.5 架空电力线路不应跨越生产或储存易燃、易爆物质的建筑，仓库区域，危险品站台，及其他有爆炸危险的场所，相互间的最小水平距离不应小于电杆或电塔高度的 1.5 倍。1kV 及以上的架空电力线路不应跨越可燃性建筑屋面。

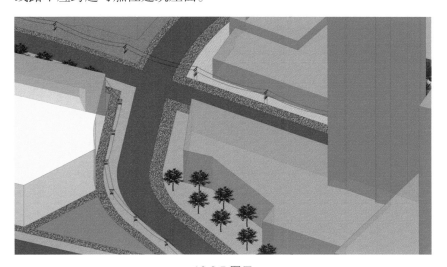

10.2.5 图示

11.0.1 建筑施工现场应根据场内可燃物数量、燃烧特性、存放方式与位置，可能的火源类型和位置，风向、水源和电源等现场情况采取防火措施，并应符合下列规定：

  1 施工现场临时建筑或设施的布置应满足现场消防安全要求；

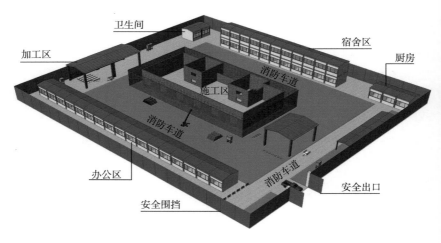

11.0.1 图示 1

  2 易燃易爆危险品库房与在建建筑、固定动火作业区、邻近人员密集区、建筑物相对集中区及其他建筑的间距应符合防火要求；

  3 当可燃材料堆场及加工场所、易燃易爆危险品库房的上方或附近有架空高压电力线时，其布置应符合本规范第10.2.5条的规定；

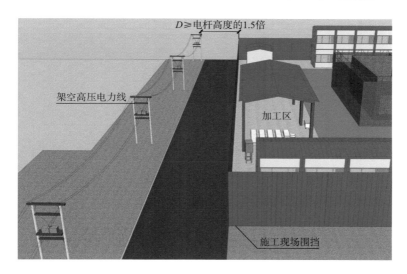

11.0.1 图示 2

4　固定动火作业区应位于可燃材料存放位置及加工场所、易燃易爆危险品库房等场所的全年最小频率风向的上风侧。

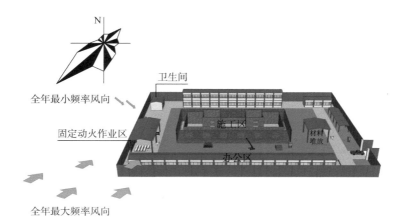

11.0.1 图示 3

11.0.2　建筑施工现场应设置消防水源、配置灭火器材，在建高层建筑应随建设高度同步设置消防供水竖管与消防软管卷盘、室内消火栓接口。在建建筑和临时建筑均应设置疏散门、疏散楼梯等疏散设施。

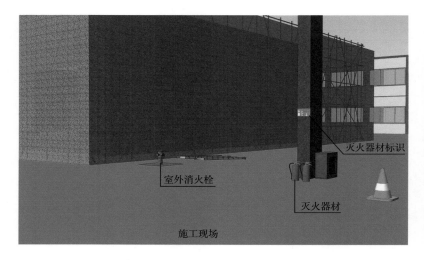

11.0.2 图示 1

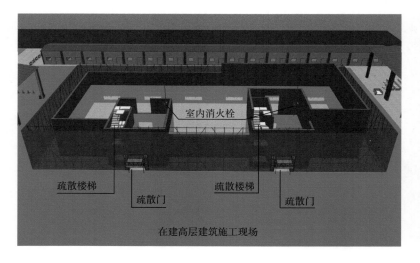

11.0.2 图示 2

11.0.3 建筑施工现场的临时办公用房与生活用房、发电机房、变配电站、厨房操作间、锅炉房和可燃材料与易燃易爆物品库房,当围护结构、房间隔墙和吊顶采用金属夹芯板材时,芯材的燃烧性能应为 A 级。

金属夹芯板燃烧性能A级

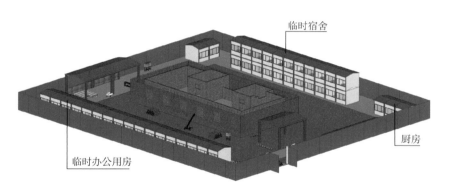

11.0.3 图示

11.0.4　扩建、改建建筑施工时，施工区域应停止建筑正常使用。非施工区域如继续正常使用，应符合下列规定：

　　1　在施工区域与非施工区域之间应采取防火分隔措施；

　　2　外脚手架搭设不应影响安全疏散、消防车正常通行、外部消防救援；

　　3　焊接、切割、烘烤或加热等动火作业前和作业后，应清理作业现场的可燃物，作业现场及其下方或附近不能移走的可燃物应采取防火措施；

　　4　不应直接在裸露的可燃或易燃材料上动火作业；

　　5　不应在具有爆炸危险性的场所使用明火、电炉，以及高温直接取暖设备。

11.0.4 图示

11.0.5 保障施工现场消防供水的消防水泵供电电源应能在火灾时保持不间断供电，供配电线路应为专用消防配电线路。

11.0.5 图示

11.0.6 施工现场临时供配电线路选型、敷设，照明器具设置，施工所需易燃和可燃物质使用、存放，用火、用电和用气均应符合消防安全要求。

第12章

使用与维护

12.0.1 市政消火栓、室外消火栓、消防水泵接合器等室外消防设施周围应设置防止机动车辆撞击的设施。消火栓、消防水泵接合器两侧沿道路方向各 5m 范围内禁止停放机动车，并应在明显位置设置警示标志。

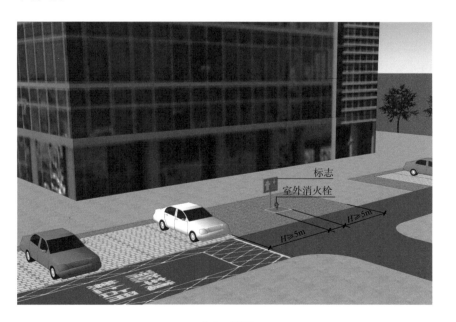

12.0.1 图示

12.0.2 建筑周围的消防车道和消防车登高操作场地应保持畅通，其范围内不应存放机动车辆，不应设置隔离桩、栏杆等可能影响消防车通行的障碍物，并应设置明显的消防车道或消防车登高操作场地的标识和不得占用、阻塞的警示标志。

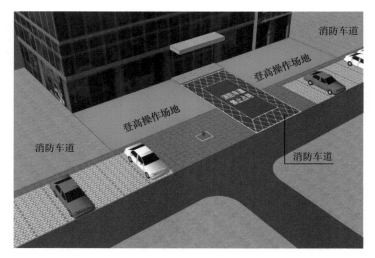

12.0.2 图示

12.0.3 地下、半地下场所内不应使用或储存闪点低于 60℃的液体、液化石油气及其他相对密度不小于 0.75 的可燃气体，不应敷设输送上述可燃液体或可燃气体的管道。

12.0.4 瓶装液化石油气的使用应符合下列规定：

1 在高层建筑内不应使用瓶装液化石油气；

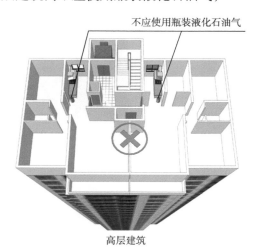

12.0.4 图示 1

2　液化石油气钢瓶应避免受到日光直射或火源、热源的直接辐射作用，与灶具的间距不应小于 0.5m；

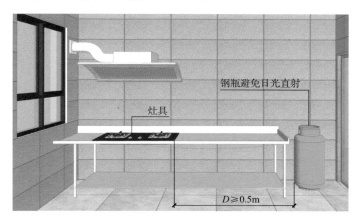

12.0.4 图示 2

3　瓶装液化石油气应与其他化学危险物品分开存放；

4　充装量不小于 50kg 的液化石油气容器应设置在所服务建筑外的单层专用房间内，并应采取防火措施；

12.0.4 图示 3

5　液化石油气容器不应超量罐装，不应使用超量罐装的气瓶；

6　不应敲打、倒置或碰撞液化石油气容器，不应倾倒残液或私自灌气。

12.0.5　存放瓶装液化石油气和使用可燃气体、可燃液体的房间，应防止可燃气体在室内积聚。

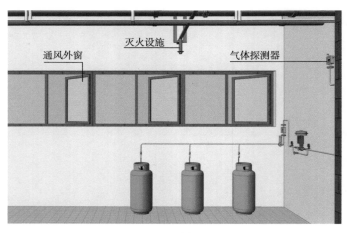

12.0.5 图示

12.0.6　在建筑使用或运营期间，应确保疏散出口、疏散通道畅通，不被占用、堵塞或封闭。

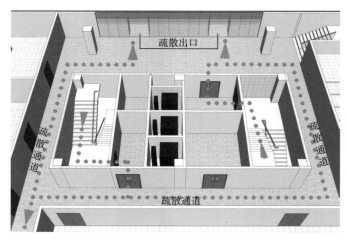

12.0.6 图示

12.0.7　照明灯具使用应满足消防安全要求，开关、插座和照明灯具靠近可燃物时，应采取隔热、散热等防火措施。

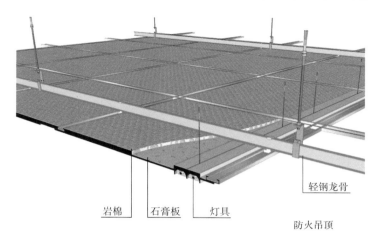

岩棉　　石膏板　　灯具

轻钢龙骨

防火吊顶

12.0.7 图示 1

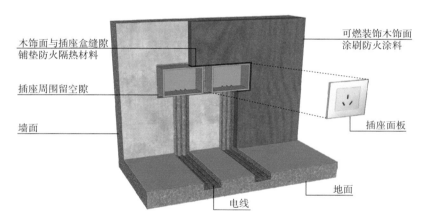

木饰面与插座盒缝隙
铺垫防火隔热材料

可燃装饰木饰面
涂刷防火涂料

插座周围留空隙

墙面

插座面板

电线

地面

12.0.7 图示 2

参考文献

[1] 中华人民共和国住房和城乡建设部，国家市场监督管理总局.建筑防火通用规范：GB 55037—2022[S].北京：中国计划出版社，2023.

[2] 中华人民共和国住房和城乡建设部，中华人民共和国国家质量监督检验检疫总局.房屋建筑制图统一标准：GB/T 50001—2017[S].北京：中国建筑工业出版社，2018.

[3] 中华人民共和国住房和城乡建设部，中华人民共和国国家质量监督检验检疫总局.建筑制图标准：GB/T 50104—2010[S].北京：中国计划出版社，2011.

[4] 中华人民共和国建设部.钢结构工程施工质量验收标准：GB 50205—2020[S].北京：中国计划出版社，2020.

[5] 李国生.建筑透视与阴影：第5版[M].广州：华南理工大学出版社，2019.

[6] 李星荣.钢结构工程施工图实例图集：第2版[M].北京：机械工业出版社，2015.

[7] 张红星.土木建筑工程制图与识图[M].南京：江苏凤凰科学技术出版社，2014.

[8] 王子茹，黄红武.房屋建筑结构识图[M].北京：中国建材工业出版社，2001.

[9] 沈祖炎，等.钢结构学[M].北京：中国建筑工业出版社，2005.